U0383717

六书坊

舌尖上的
潮汕

陈坤达 编著

WUHAN UNIVERSITY PRESS
武汉大学出版社

图书在版编目(CIP)数据

舌尖上的潮汕/陈坤达编著. —武汉:武汉大学出版社,2013.10
六书坊
ISBN 978-7-307-11509-5

Ⅰ.舌… Ⅱ.陈… Ⅲ.①饮食—文化—潮州市 ②饮食—文
化—汕头市 Ⅳ.TS971

中国版本图书馆 CIP 数据核字(2013)第 209816 号

责任编辑:郭 倩 责任校对:刘 欣 版式设计:韩闻锦

出版发行:**武汉大学出版社** (430072 武昌 珞珈山)
(电子邮件:cbs22@whu.edu.cn 网址:www.wdp.com.cn)
印刷:武汉中科兴业印务有限公司
开本:880×1230 1/32 印张:7.125 字数:131 千字 插页:2
版次:2013 年 10 月第 1 版 2013 年 10 月第 1 次印刷
ISBN 978-7-307-11509-5 定价:18.00 元

编委会

主　编　张福臣

编　委　（以姓氏笔画为序）

　　　　文　祥　艾　杰　刘晓航　张　璇

　　　　张福臣　周　劼　郭　静　夏敏玲

　　　　萧继石　落　子

目 录
CONTENTS

引言：一个特殊群落发动的味觉革命

目 录
CONTENTS

二、潮汕平原上成长的丰富食材

目 录
CONTENTS

三、草根部落菜根香

四、潮汕节俗的味觉标记：祭品

目 录
CONTENTS

六、功夫茶的味觉境界

目 录
CONTENTS

引言：一个特殊群落发动的味觉革命

>>>

一个地方的口味习惯，会在其菜系中较为集中的体现。潮汕菜系的形成无不和人文历史、地理位置、文化交融、生活方式息息相关，是族群的心灵密码。本章介绍潮汕菜的起源、衍变、特色及其文化内涵，阐述"潮州菜肴甲天下"（王震题词）所折射的潮汕人对味觉的感知。

　　潮汕菜，是产生于潮汕地区的一种富有地方风味又适合现代口味的菜种，属广东三大菜系之一，如今已跃居全国各种菜系的榜首，成为名甲天下、誉满全球的特色菜。国内外游客越来越多的人要品尝潮汕菜，以能到高档酒楼用潮汕菜宴客为荣，以致全国各大城市的高档酒楼几乎都挂上潮汕菜的招牌或辟出潮汕菜的专座。在美国的旧金山、纽约、洛杉矶、法国的巴黎等世界名城和东南亚各国，潮汕菜也早已负有盛名。原国家副主席王震，在广州吃了潮汕菜之后，深深地被潮汕菜的清淡鲜美、精细可口所吸引，高兴地提笔题词："潮州菜肴甲天下。"

　　为什么潮汕菜这么风靡天下、誉震全球呢？我想最根本的原因有两个：一是潮汕菜充分体现了中国人的文化精神和历史传承。潮汕菜是一种文化的载体，潮汕文化的生化聚合过程都在民间饮食中深深蕴藏着，潮汕人的价值观和人生观也在群体性的饮食文化中展露无遗，故品尝潮汕菜自有一种浓郁的古典情怀，与中国人的基因密码紧密吻合。二是潮汕菜本身的确精美绝伦、色香味俱全，同样适合现代人的口感味觉，不论对饮食多么挑剔的人，面对潮汕菜，也挑不出毛病来。

本书当然无法全面探讨潮汕菜的制作特色和菜系本身的诸多特质，因为这是一个涵盖范围非常广泛的课题，这里仅就其历史源流和文化折射谈一点粗浅的看法。

潮汕菜，是中华菜肴大观园中的奇葩。潮汕菜的渊源，至少可以追溯到先秦。秦始皇三十三年（公元前214年），嬴政发五十万军队戍守岭南，其中一部分驻守潮汕地区，于是首次带来了中原地区的饮食习惯和烹饪方式；而在此之前，原住民百越土著也有自己的饮食习俗，二者慢慢融合，这就构成了潮汕菜的发端。西晋"永嘉之乱"时，中原士族大量南迁，入闽后转入潮汕，极其讲究生活质量特别是重视美食的名门望族带来了士大夫阶层的饮食文化；其后，在盛唐时代，随着韩愈等大批京官名宦被贬到潮汕，也带来了其出发地的饮食理念。这一点，在韩愈的诗文中随处可见；再后，南宋末年，宋室南迁，流亡于潮汕一带，宫廷御膳从此"飞入寻常百姓家"。还有，近代以来，汕头开埠，西方文化进入潮汕，潮汕人外出经商、过番谋生者众多，双向的文化交流，也带来了南洋以及世界各国的饮食习惯。由此可见，潮汕菜乃是集各地、各时代之大成和精粹者，熔于一炉，真是全球罕有！完全可以说，潮汕菜是最国际化的菜系。更重要的是，在潮汕菜形成体系的过程，潮汕丰富的水产、山珍、菜蔬等食材资源，为不同流派的烹饪工艺提供了广阔的空间，代代进化，形成今日的博大精深。潮汕菜拥有如此之高的荣誉当在情理之中。所以说，考察潮汕菜的历史成因、制作艺术、审美特色、文化追求，是一门最为丰富多彩、博大精深的学科，有许多课题值得我们研究。

（文/陈坤达）

潮汕人独具特色的饮食文化

在山食山，靠海食海，潮汕濒临大海的地理位置，决定了其独特的食俗习惯。清《潮州府志·风俗》记载："所食大半取于海族，故蚝生、鱼生、虾生之类，辄为至味"，准确地描摹了潮汕沿海人民的饮食习惯。

在潮汕，历来以大米为主食，三餐皆食粥（称糜），遇有喜庆事或祭祀才食用或供奉干饭。在农村，勤俭的农民喜食"番薯糜"，即用地瓜切块或刨丝与大米一起煮成稀饭，过去面粉尚不多见，农民用番薯磨成粉，称薯粉，有多种食用方法，亦可制成粉签，或炒或煮，加以作料，十分爽口。

佐餐之物，则离不开海产品或其腌制品，"可以居无竹，但不可一日食无鱼"是潮汕饮食习俗的形象写照，潮汕地区有许多著名的渔港，全盛时各港区拥有包帆三千多对，仅达濠港就有两百多对，停泊时远远望去，帆船首尾相接，桅杆矗立成一大片，蔚为壮观。起汛时，船只穿梭，声势浩大；满载回归时，港口鱼鲜堆积如山，吆喝声此起彼落，起鱼的，装鱼的，买

>>>

渔之曲 　　　　　　　　　　　　杨毓添　摄影

鱼的，运鱼的，记账的，人头攒动，人声鼎沸，盛况空前。"四处去到造（读一声，全的意思），不如达濠中鞍头"，中鞍头即达濠渔港，此谚虽有说大话之嫌，但也反映了当时中鞍头的盛况和达濠的豪迈。

这样的地域环境造就了潮汕人的口味取向——喜食海鲜。不同的鱼类，都有不同的烹饪方法，手法奇特，令外地人赞叹不已，回味无穷。食用的鱼类一般在百种左右，这些鱼不管它们原来的学名如何，潮汕人都会给它们取一个很有地方特色的名字，如"巴浪"、"午荀"、"油甘"、"海犁"、"沙尖"、"迪仔"、"狗弥"、"猴水"、"墨斗"、"那哥"。

潮汕菜系十分强调清淡、入味，什么意思呢？就是重视食材本身的原有滋味。在这里，传统菜肴受到普遍欢迎，酒楼的招牌菜多为"遵古法制"的大众菜，品评者多以是否口味地道为标准，厨师们也为迎合大众口味而在传统上下功夫。潮汕的菜式以海鲜为主，尽力保持原汁原味，上到燕翅鲍，中至贝螺蟹，下至鱼虾蚝，用蒸、焖、炖、炸、烧、爆、焗、煎等精细加工，相当繁复。

传承传统菜式的重要途径是"做桌"，每逢红白喜事、迎神赛会，主事者必延请厨师，大开宴席，菜色一律是传统菜。客人来了，围坐在被称为"八仙桌"的方形红桌上，长幼有序，主客有分，按规矩坐定，先吃小点心，然后上菜，最尊贵的长者唱"开席"，大家才可下筷；一般有十二道菜，汤菜交替，最后一道是压桌菜，不能吃的。此时，桌上老辈便唱"席满"，大家便纷纷离桌。如是婚宴，规矩更多，新郎母舅必坐"东一位"主持宴席，一点马虎不得。游神赛会上，有一项盛事叫"赛桌"，极尽铺张之能事。一溜儿排上几十张相连的八仙桌，上面摆满了各式菜肴、水果、果粿品、点心、甜品，缀以纸、红锦、碗头花，非常好看，少说也有近千种，看得人眼花缭乱。这些都是供奉神明的，完事后做成菜肴，大开宴席，叫"得方拜得方食"。四乡六里每年都有几次这样的盛事。

潮汕人还喜欢吃自制的腌制品，主要有两类：一是海鲜类，如"咸薄壳"、"了焦"、"蛴仔"、"咸巴浪"等腌制品，食用时应加醋、蒜泥等调料；二是果蔬类，如酸咸菜、干腌菜脯、醋姜、豆酱姜、菜头口、橄榄菜等，这些统称为杂咸的腌制品，是日常配糜佳品，很"杀嘴"（适口的意思）。

潮汕的地方小吃，品种繁多，咸甜皆有，很有特色，比如砂浦酥糖、达濠米润、达濠蚝烙、墨斗卵粿、达濠"怕方"等。我们发现一个有趣的民俗现象：通过传统节日涵养和保留了地方小吃的制作方法。比如春节家家户户做"红壳桃"、发粿、煮姜茨甜圆、各式斋菜面花，正月初七熬"七样羹"，元宵节则是汤圆和"鼠壳粿"，清明节制作"松粿"上山祭祖，端午节是"粽子"，七月半鬼节是"胶论钱（落汤钱）"，中秋节做月饼、"油锥"、煮甜"芋圆"，重阳节食菊花，冬至食"大圆"，十二月二十四老爷上天做"米

>>>

巴浪鱼　　　　　　　　　　陈坤达　摄影

糖"让老爷上天言好事。除夕更是丰富，做"肚兜粿"、"压龟粿"……可以说，如果不是借助这些传统节日的涵养和发扬，很多地方小吃可能会失传。

构成地方饮食习惯的另一个重要组成部分是饮茶，潮汕人喜嗜功夫茶，可能与居于海滨，常食腥鲜之物需要清洗肠胃有关。茶，已经汇入了达濠民众的人生之中，即便是普罗大众，也常常于饭后冲上一泡功夫茶，三个杯，几个亲友，声声叱"食"，情趣自在茶盏中。至于桌席，茶更不可或缺，一般是几道菜间一巡茶。平日待客必以茶，无客人来一家人也围坐来一泡，有的人早上起床，未吃饭先喝茶，称"早茶"。有的"茶怪"甚至从一杯茶可断定茶叶出于何山，是春茶还是秋茶，价格鉴别更是准确，让人叹为观止。茶具有炉、锅、茶池（或茶盘）、茶罐、茶杯，民间泡功夫茶归纳为"高冲低倒拼命滴"，即开水冲入时把锅仔高提，茶水倒入杯中时茶瓯尽量放低，靠近茶杯，要把茶水滴得干净，开始像"关公巡城"，最后是"韩信点兵"，这样，每杯茶浓度相等，容量相同，才叫"会冲茶"。清代和民国时期，机关、学校、馆舍、士绅、岩寺、商行皆设功夫茶具，款待宾客，联络感情。20世纪50年代以后，喝功夫茶渐多，现在则家家户户设"茶局"矣。吃茶还得有点心，一般叫做"茶配"，饼食糕点之类，品种繁多，数不胜数。

潮汕菜确实风味独具，正因为这一点让来潮汕的人赞叹不已，而土生土长的潮汕人，口味更是伴随终生，甚至演变成浓郁的乡情，很多幼年时移居海外的华侨，梦牵魂萦的是家乡的咸菜、墨斗卵粿、鱼丸，相隔几十年，口味仍深印脑海，令人惊异不已。

说到潮汕菜，必须特别提到达濠古镇。达濠是一个著名的渔港，位"潮汕四大古镇"之首，是今日潮汕菜的发源地之一。四百多年前的历史因缘让达埠中鞍头盛冠东南、人文荟萃，闻名天下的潮汕"食桌菜"就诞生在这里。甚至有学者提出"天下潮汕菜出达濠"的观点。虽不尽然，但也由此可见达濠是潮汕菜之重镇。达濠人独特的烹饪技艺、品尝标准、食桌礼仪成为璀璨的潮汕美食文化的代表。

单是两种小吃就名满天下了。

鱼丸是鱼制品中的精粹，是达濠人对潮汕美食的一大贡献。现在，国内大、中城市和东南亚、欧美各地都有"达濠鱼丸"的店铺。达濠制作鱼丸早在清朝康乾年间就已扬名海内外，是正宗潮汕菜中不可或缺之物，迄今已有四百多年的历史。其制作过程十分考究，要选用"本港那哥鱼"，因为达濠渔港海域的海水咸度适中，鱼肉最鲜美。因其制作独到，鱼丸光洁细嫩、富有弹性，吃起来清脆爽滑、香而不腻，向来为各地食家所喜爱，在达濠，更是视鱼丸如尤物，每逢年到节到，家家都备有鱼丸，鱼丸被列为待客的一道重要菜肴，若外地客人来到必以鱼丸相赠。在达濠，有许多制作鱼丸的老师傅，他们除了"拍鱼丸"外，还拍"墨斗丸"、"虾丸"等鱼制品，同样广受欢迎，

>>>

达濠晶华鱼丸　　　　　　　　　　　陈坤达　摄影

>>>

渔作归来   杨毓添　摄影

现在鱼丸已经取得国际认证，注册了地域商标，远销到美国和东南亚等国家，十分畅销。

达濠人的又一饮食贡献是"墨斗卵粿"，制法是在墨斗鱼的产卵期（一般在冬天）剥取其饱满丰盈的卵子，剁成泥和入配料雪粉，用力拍打成浆，极富弹性，称"卵浆"，卵浆在平底锅上烙开，掌握火候，呈现微焦之色可以上盘，佐以芫荽、酱料，未及入口早已异香扑鼻，夹一块放入口中，香嫩焦脆，鲜美爽口，啖此物而余无味矣！

由于历史和地域成因，达濠菜肴毋庸置疑地成为潮汕菜系的一大代表，所以我们要考察潮汕族群独特的味觉世界，可以从达濠古镇这个视角来切入，以点窥面，揭示潮汕人的心灵密码——味觉世界可折射族群的历史、文化、道德和价值观。这就是下面很多章节要以达濠古镇为例来加以说明的原因。

（文/陈坤达）

一生的"潮味"

　　我的母亲很会做饭。做饭潮汕话叫做"煮食"，这两个字一看就是来自先秦或汉唐时中原古音的转化，由此可见潮汕民系和上、中古时的中原地区有着深刻的关联。这暂且按下不表。

　　我的母亲出生于汕头达濠岛的东湖乡。这里溪山明秀，风景奇佳，是潮汕地区一个著名的侨乡，历史上很多人到东南亚"过番"，守土的乡民则以耕、渔为业。由于土质肥沃、岸线漫长，人们劳作收成较丰，加上海外乡亲侨批（海华华侨通过民间渠道寄回国内的汇款，并附有家书）接济，故对比周边其他地方来说，东湖乡历来较为富裕。东湖建乡于南宋年间，九百多年的文化积淀，反映在饮食习惯上，可用"精华汇聚，源远流长"来形容，以传统口味为主流的食俗加上丰富的西洋、南洋饮食理念，使东湖人在烹饪技术上有诸多亮点和特色。我的母亲从小生活在这样的人文氛围中，特别是我见过大世面的外公在饮食上极为挑剔，作为女儿的母亲便受到严格的烹饪基础训练。

母亲在21岁时嫁到达濠古镇（称为埠头），达濠是潮汕四大古镇之首，从清朝顺治年起就一直是东南沿海的重要商埠和港口，也是一个重要的渔港，被誉为"千金之港"。每日里港汊上商船、渔船如织，中鞍头（渔港的滩头）人声鼎沸，灯火如昼，彻夜喧嚣，盛况空前！这样的繁盛之地定然会让饮食文化得到极大的发展。这一方面是为满足人们日常的需求（特别是有钱的商家），各种"桌铺"应运而生。所谓"桌铺"，就是专门组织师傅制作各种菜肴的店铺，不同于酒家和饭店，专事送菜上门。由于竞争激烈，桌铺必须有拿手绝活，有的长于炆炖，有的长于煎炒，有的精于汤水，各擅胜场。镇上各宗祠、居家，如遇祭祖或红白喜事，要办酒席，就交代桌铺"汇菜"。当然，也有自请厨师到家中做菜的，但一般只有大户才有能力；另一方面，饮食文化的发展还得益于古镇每年多得数不清的民俗活动，如正、二月的游神赛会、五月赛龙舟、七月中元"祭孤"、中秋团圆佳节、春秋二祭、年头岁末"圆年拜祖先"，还有"妈祖生"、佛诞孔诞等，都需要布设大规模的供奉祭拜场面，这就是让外地人叹为观止的"赛桌"，"赛"是比赛的意思，因每一次活动主办者都要展示其经济实力和宏大的场面，其中大唱主角的当属桌面供品的铺陈。有时一场祭拜活动会摆开一百多张八仙桌，桌上各式供品多达千种以上，山珍海味、奇品佳肴，琳琅满目，看得人眼花缭乱。这种场面最试功夫的就是厨师，人们从菜肴供品的原料选用、制作技术、盘面布置以及创新能力来品鉴厨师的水平。一个"赛"字花掉了多少白花花的银子，耗尽了多少厨师的聪明才智，几百年间才成就了至今名闻天下的潮汕"食桌菜"，食桌菜是诞生于达濠古镇的、历经岁月淘洗的、比较固定的菜肴中精品，总量虽只有二三十个，但每一个都有繁复的制作技艺和流程，比如干摔虾丸，从选料、剥皮、水分控制、摔打力度和方法、火候掌握、汤水配料等，很多讲究，精心制作，一丝不苟。好了，等到菜品上桌，厨师会非常紧张地竖起耳朵，听听食客们的品评。一句"入味"，是对厨师的最高嘉许！所谓"入味"，是这道名菜必须具备的品质，即食客心目中的期待，他们有着丰富的美食经验作为标准来比较。这个人群是真正的美食家，古镇自古以来称之为"食桌脚数"，"脚数"即行家，作为厨师的对立面而存在，客观上对菜系的发展和提高起了很大的促进作用。如果一句"不入味"！那完了，厨师要卷铺盖了，在古镇肯定立不了足！就是这么残酷，达濠人对"味"的挑剔，气死了多少厨师，又催生了多少名厨。

母亲嫁到了古镇，一个前所未有的大世面在她面前展开，与此相比，东湖乡只能算小地方。按理说，对于小家庭的日常菜，母亲的手艺绰绰有余——她也不是专业的厨师。然而不，她面对的是我父亲，一个对味有特别感受的人。

我的父亲是一位贫苦的造船工，本来不具备对食物过于讲究的条件，但在古镇，以出海为主业的渔港，渔船是渔民们最为宝贵的财产。风浪搏击，免不了磕磕碰碰，过一段时间就要上岸维修。这时候，造船师傅显得异常重要，船东每天都会请厨师好酒好菜款待。在我父亲的那个年代，达濠渔港有包帆船二百多对，分属大大小小三十多个不同的船主。由于技艺精湛，每条船都曾经请过我父亲当师傅主持维修，所以他吃遍中鞍头所有厨师的拿手菜肴，虽不会操刀下厨，但品评却是一流的！至少在"煮食"上，我父母亲可说是天作之合：一个理论指导，一个娴熟操作，那真没说的。

多年以后，我还常常感慨，作为我父母的儿子，口腹之享，真是无比幸福啊！

这么一说，大家会觉得我可能自小生活环境不错，其实不然，我父亲作为一个造船工，那点微薄的收入要养活一家人着实不易，一家子粗茶淡饭，还经常吃不饱饿着肚子，但我父母亲却能从最低等的食材中，调理出最适口的菜肴来，不能不佩服他们的厨艺和对子女伟大的爱！——"煮食"是要用心的。

面对捉襟见肘的生活，我的母亲充分调动她的智慧，绞尽脑汁，用祖先传下来的传统手艺因地制宜，因材易法，创造出让我们无限感怀的日常佐餐之物。

每到冬天，在寒风凛冽的日子，母亲会带我们到田地里向农民买来一堆芥菜和萝卜。芥菜晾几天后可以腌制咸菜；萝卜则要花几天时间摆到屋顶厝脊上晒太阳，晚上收下来放入大桶压石头挤去水分，然后腌制成菜脯。手艺不同，腌制出来的咸菜和菜脯的味道、口感差别很大，我母亲永远是一流的，邻居们都称赞不已。到了夏、秋之际，包帆起汛，我们会到海边向渔民买"虾渺"（虾的一种，很小，常成群），通过翻晒、腌渍，可制成"虾渺酱"。如碰上青梅、橄榄上市季节，我们还要腌青梅、熬橄榄菜（橄榄、咸菜尾和花生油长时间文火熬制）。上面种种都是极便宜的寻常之物，但通过母亲的神奇之手和时间的修炼，变成佳肴，变成这个族群最本质的味觉体验。草根部落独有的滋味是真正的"千金不换"。很多远离家乡、侨居海外的乡亲，回到家乡，念念不忘的正是这些不起眼的食品！一碗猪血汤、几块油麻糕，何等的让他们梦牵魂萦。乡土的眷恋，就是味的眷恋，乡味，是中国人无法言说的感情体验。

我由此而懂得，美味，不是指酒楼名贵的高档菜，更多的是草根阶层的共同记忆。

而让我们倍感振奋和亲切的要数传统节日的来临了，我们能品尝到更多、更好的美味。因为每一个传统节日按潮俗都要祭拜祖先，除了约定俗成的鱼肉菜肴、三牲果蔬之外，最重要就是粿品。粿品是用米、面制成的特殊供品，源于中原地区上古的礼俗仪轨，随着晋时、唐时、宋时北人的南迁而传承下来，可以看做是对祖先的感念和对故土的深情眷恋。母亲或许不懂得文化传承上的意义，但她深深懂得，必须按先辈的训导来做，这是对列祖列宗的崇敬和纪念。节日未到，母亲便忙碌起来，购买有关的食材，以制作各类粿品。不同的节日有不同的供品，比方说，年头岁末，是一年之中祭拜祖先规模最大最集中的时候，要准备很多粿品，举其要者有：要炊（蒸）甜粿、面粿、酵粿、红桃粿、肚兜粿、龟型粿、菜头（萝卜）团、米团等。限于篇幅，我不能对每样粿品都进行详细的记述，单说一款"甜粿"吧。这是用糯米为原料的较大型祭品，流程复杂、技术性强，这时的母亲是一个总指挥，她指导我们把糯米放到水缸浸水，浸到一定程度捞起滤去水分，分次舀入一个事先准备好的大石臼里，开始舂米，舂成粉状，放在细密的筛子上筛取出最细微的粉米，稍微粗粒的回臼再舂，经过多次往复，糯米变成"米乏"（粉末）。这时轮到母亲出手了，她掺入适量的"粘米乏"，加水、糖慢慢调匀，成糊浆状。稍事停歇，在灶台上安置一口大鼎，架上圆形大蒸笼于其上，铺上羊布皮手巾，把糊浆倾倒其中，调理妥当，覆上鼎盖，再包上两层手巾，折一剪石榴枝正放在蒸笼上。生起炉火，吩咐我们火尽薪添，不可间断。要炊多久呢？母亲心中有数，她在灶边点起一炷香，香燃尽再续一支，如是者三，叫"三落香"，香毕甜粿就蒸好了，但不能马上起鼎，要待半个时辰左右，温度稍降，母亲便揭开蒸笼。透过热气蒸腾和香烟缭绕，我们看到一脸幸福的母亲——一巡（这样直径约60cm，厚度10cm的圆饼状粿的称为"巡"）甜粿大功告成了。均匀、嫩白、细腻，这是其外观，口感如何呢？现在还不能说，祭拜祖先之后才能品尝。母亲用桃红点上图案，放上多层的粿架，等候节日的来临。祭拜时，甜粿要整巡上供桌，不能切割以示对祖先之虔敬。严肃的祭祖仪轨结束后，就可以大快朵颐了。吃的当然不止甜粿一款，还有很多不同的粿品和菜肴，但单是甜粿就让人回味无穷。用刀或丝线切割成小片，只觉清香扑鼻，一入口齿，甜润异常，舌颊盈香，妙处无法形容。甜粿可以存放很长时间而不会变质，旧时潮汕人过番，妻子就会炊粿让丈夫带着路上吃，俗谚云："无可奈何炊甜粿。"甜粿寄托的是乡思，传递的是乡味，感怀的是乡情。

不同的节日会有不同的粿品。大致来说，元宵节做"鼠麯粿"，清明节就是松粿（松糕），端午节则是粽子（有包竹叶的棕球，也有盛大碗的"机棕"），七月半中元节做的是"胶伦钱"（落汤钱），八月半中秋节是月饼（最有地域特色的是青糖饼和油锥、香角），冬至日是做糯米丸等，上面所列举的各种粿品，有不同的制作工艺，有的相当复杂，技术不易掌握，故而会"舂钱做粿"成为潮汕女子贤惠持家的标志，媒人说亲时，是一个重要的条件。

"十里不同风，百里不同俗"，在潮汕，由于民系是从中原不同地区迁徙而来，这些供奉祖先的祭品也有不同之处，但不管怎样，其风格不会偏离祖先的宗风。

通过祭拜祖先和民俗活动，潮汕地区很好地涵养和保护着文化的传承，这让我懂得了又一个道理，总有一种方式让我们追缅祖先，对根和母土的感怀，这一次就着落在味觉体验上——让人无限回味的传统节日啊！

少年时期的鲜活体验，使我一生走不出"潮味"。我的味蕾变得挑剔而固执，偶尔外出一段时间，对家乡的怀念竟然是食物的味道。在家里，也太难为我的妻子了。结婚第二日，我就对妻子说："我吃惯了母亲煮的菜，你尽可能按母亲的方式做吧。"二十年过去，妻子已尽得母亲的衣钵。我的几位兄长有时到我家来吃饭，惊异于弟妹所做菜式与母亲当年手艺如出一辙，十分认同。父亲在二十多年前就离开了我们，母亲仙逝也已整整四个年头，他们在所处的环境中，尽最大可能，找到天地所化生的各种食材，用感情、智慧、传统和岁月酿成至味，养育我们，把来自祖先、不可言传的味觉密码传递给我们。现在，我们用同样的方式传递给子女，一脉相承，我们用特殊的方式怀念老人家——家的味道，族群的味道。我也悟出了另一个道理，原来味觉体验是一种深深的感情，这是伴随一生的"潮味"。

（文／陈坤达）

一、潮汕菜的第一味：海鲜菜肴

>>>

南中国海为潮汕菜选料提供了一个最重要的条件，千百年来，丰富的海产品一直是潮汕菜的首选，其用料之庞杂、制作之多样、口感之独特，乃中华一绝。本章着重写海产品的捕捞方式、制作方法、菜式特点等。首先我们先来了解滨海潮汕人的生存环境，从潮汕古渔港——达濠古镇说起。

　　达濠古镇是潮汕一个著名的渔港，生活在这里真是我的幸运。儿时，我喜欢到中鞍头凑热闹。每到包帆起汛，濠江上千帆竞发，蔚为壮观；有时夜半归航，鱼鲜如小山一样堆满中鞍头，在夜色中发出熠熠银光；忙碌的渔工们正在起鱼，人声鼎沸；十里江岸，渔灯如海——少年心事，别有一种莫名的兴奋。多少年后，积淀成一个永远的记忆。

　　在古镇的这些年，对各色鱼等，所见也不在少数，有了一些认知，所以，这里想谈谈我所看到的鱼和与鱼有关的物事。

>>>

晒鱼图　　　　　　　　　　　　　　　　　　谢伟佳　摄影

海鲜之奇

先说大。

常有朋友问我，见到最大的鱼有多大。我小时候，曾经在东湖我外公处，看到邻居某家祖上遗下的一副鱼骨标本，高可寻丈。想象一下，那条鱼该是多大，据说这是一条金钱鮸鱼，鱼胶比金子还贵！难怪他们把鱼骨当宝，代代珍藏。20 世纪 80 年代初，达濠渔港有一支打捞队在广澳湾东端的赤礁外水底轰炸一艘沉船，目的是要获取铁件用。火炮炸响之后，只见一群巨大的鲨鱼翔集周围，潜水队员不敢下水。第二天，见有几尾死鱼漂浮在海面，鱼腹鼓胀，大如牛牯，渔民们见大鱼尚鲜，遂拖带回港，摆上鱼栏，剥皮刮肉，售给乡人。我亲眼目击，该鱼身短、头大、嘴阔、眼如碗口，重逾五百斤。其肉质极为鲜美，食者赞不绝口。老渔民说该鱼名"过鱼"，即外海巨型石斑是也。见识多的人说这还不算大，并讲了诸多关于大鱼的典故，比如，有渔者撑一小舟，忽见海面现一小山，划近视之，原来是一条大鱼！吓破了胆，忙不迭地逃走！

由于不能眼见为实，无法相信。幼时我随大人到门嘴外钓鱼，每当台风前夕，水深流急，常见有鱼鳍凸竖水面，大如桨把，老渔民说这是大石斑鱼，其鱼之大又冠前述矣。然而，可能是捕杀过度，近些年该水域（包括近海）大石斑几近绝迹。但食肆中常有三几百斤之石斑鱼者，乃是进口冰冻的，嘴尖眼细，通体斑点，皮肉早已变质。店家用香菇、火腿、南姜、芹菜、味精等调料捉弄食客胃口，徒污本港石斑之名矣！

再说奇。

港中有"抠罾者"。其法是：在临岸的海面布网一张，大可上百平方，用竹木固定，四角拉绳，总而成束，掌控渔者手中，松绳，则网沉海底；收绳，则网浮水面。以此法捕捞常可获乌尖、斑猪、黄枝、油耳等杂色小鱼。吾友之父，专事"抠罾"。一日，余至其作业处闲聊，功夫茶一泡，天南海北，不觉红日西坠，红霞盈海。所获无多，正想收网，忽听见友人大喝一声"有货"，随着纤绳收紧，但见渔网沉成兜状，从水中慢慢提起——好家伙！上百条红艳艳的"红牯"已入囊中。这"红牯"乃不寻常之物，学名为"眼斑拟石首鱼"，形似大黄鱼，从三五斤到一二十斤不等，通体血红，生性暴烈，力大无穷，长居深海，尾部有铜钱大黑斑，营养价值极高，据说有填精补髓之功。近海或能捕其一二，但常被目为幸运。这样的一网一群，殊为百年一遇。"红牯"市值过百元一斤，余友仅此一网，小小发了一笔矣！随即购房一套，全家乔迁。但余友后来说，其实得不偿失，因自此之后，手气极差。个中因由，殊不可解。

（文/陈坤达）

>>>

广澳渔港　　　　　　　　　　　　　　　　　　许明　摄影

海 鲜 之 异

常常听老渔民用自豪的口吻说起"本港鱿"、"本港鳗"等。所谓本港鱼，就是指达濠渔港捕捞的鱼鲜。渔民们的意思是，本港出产的鱼类比其他港口的要好，口感鲜甜、营养价值高。听得多了，很不以为然，甚至反感。这不明摆着是夜郎自大吗？洋海阔阔，水域相连，鱼虾流动，怎么就只有本港的好呢？

后来我才渐渐理解。其实，像我们人类一样，鱼也有自己的家园，如果不是气候、水流等自然环境发生重大的变化，它们有着自己固定的生活圈。有经验的"大公"（船长）就懂得鱼儿们的生活习性和生存地点。而海域的水文特征（如海水的咸度、处于地球的经纬度、食物链等情况）就决定了鱼的品质，同一类鱼生活在不同的海域，其肉质、秉性就不同，可谓"一方海水养一方鱼"。老道的渔民，能以鱼类的外观甚至肉质的口感细致区分出来。就像宣纸的制作、茅台酒的酿造，离开产地的水土，效果完全不同。这似乎有点不可思议，但事情就是如此奇妙。在今日，濠江各处水产市场，本港鱼鲜的价格比外地来的高出许多，但主妇们就是拣本港的买。

但问题是，是否本港的鱼鲜真的比其他港口的好呢？这是一种根深蒂固的传统观念。究其原因有三：一是天造地设。达濠附近海面，正是韩、练、榕三江的出海口，咸、淡水流交汇，最适宜鱼类繁殖，在这样的水质中生长的鱼肉质最鲜美。二是历史原因。自古以来达濠是一个著名的渔港，全盛时期有包帆二百多对，远近闻名。由于港口大，一些福建、台山等地的渔船弃本港而长期依附在达濠港，一时间达濠渔港名声藉甚。后来，由于邱辉（晚明）造反抗清，在港口"诛茅设市"，连绵十里的灯光夜市使达濠成为东南沿海各种货品的重要集散地。于是，达濠人很有一种舍我其谁的自视，很多东西都认为自家的好——也难怪，谁叫达濠"曾经阔过"？三是自然属性。上面说了，鱼的品质以海域而分出差异，那么作为长期食用本港鱼鲜的达濠人，对本港鱼类的味觉已经沁入神元深处，"入味三分"了，其他地方的鱼吃起来当然就不是很习惯。这不费解，地域特征已通过各种看不见的渠道塑造一方独具特质的族群。"美不美，家乡水"，不就是人灵魂深处的感觉吗？

所以说，对"味"的感觉应当看做是族群的历史经验和生存空间特质的折射。话题回到达濠人对鱼的味觉上来，这是一个有趣的文化现象，既有对造物的感恩，又有对自己劳动所获的自豪。

达濠人对"味"的演绎和感觉可谓淋漓尽致。为了把"味"彰显出来，达濠人创造了一整套处理海鲜的独特厨艺，并通过民俗渠道长期、坚韧地传承下来——这就是著名的达濠"食桌菜"——菜式有固定的烹饪工艺和评价的标准。标准是什么？就是口感！每逢红白喜事，达濠人往往喜欢延请厨师开席"做桌"，宴请亲友，而菜式是否"入味"则是宾客评论厨师水平的试金石。所谓"入味"，就是人们普遍认可的传统味道。惟其如此，达濠菜才让人赞不绝口，被食家誉为潮汕菜的正宗。过番几十年的老华侨，少年时代吃惯的"墨斗卵粿"、"酸梅黄枝鱼"以及"鸡屎丕"（一种小螺），让他们何等的梦牵魂萦！一旦回乡，大快朵颐，连呼过瘾！乡情、乡恋物化为口味！——余光中的诗应该加上一节。

在达濠，对鱼鲜的口味要求，既是物质的，又是精神的，其实说到底，是达濠人的一份浓烈的故土情怀！

（文/陈坤达）

鱼　文　化

该谈谈鱼文化了。

作为一种潮流和时尚，也显示自家有点文化，现在一切话题都往文化的边上靠了，比如酒文化、茶文化、食文化、服饰文化、建筑文化，甚至性文化、厕所文化、官场文化等，什么都文化了。我当然不能免俗，写了几段谈鱼的文章，忍不住也想谈谈文化——鱼文化了。

"鱼文化"这一词是我的杜撰。达濠作为一个著名的渔港，从其生成到发展，自有一条坚韧的人文逻辑，所以从文化的角度切入，应有可观之处，比如对鱼类的独特命名、独有的烹调技术、独门的捕捞方式、相关的文化产业以及与鱼有关的娱乐活动等。然而上面任何一项，都有着深远丰富的内涵，不是一篇文章所能讲清的，这里只能泛泛而谈。

在达濠港，鱼大多有"土名"，即有别于其他地方或学名的叫法，或许粗俗，但在我看来，这些"土名"却更为传神，更有情趣，也更生动。一种长于滩涂中

>>>

巴浪鱼 陈坤达 摄影

的小鱼，时而潜入泥潭，时而跳动疾走，学名称为"绿布氏筋"，够拗口无趣的，而我们就叫"跳鱼"，明白晓畅、准确传神；一种学名叫"青缨�"的小鱼，以其身薄而呈叶状，我们就称为"树叶"或"朴叶"；还有一种我们叫做"殿（坚硬的意思）鱼"的，却是通体柔软，几近透明，学名叫"龙头鱼"，有的地方称"豆腐鱼"、"鼻涕鱼"等，古镇的渔民们用反义表达了自己的幽默。我粗略概括了一下，达濠渔港对鱼类的命名有这么几种规律：一是象形，如箭头、角鱼、马面迪等；二是指称其生性，如沙鄙、石干、涂虱、涂溜等；三是根据其色彩特征，如白腹、红目、青脚、赤翅、乌耳等；四是取其谐音，如那哥、黄迹等；五是凭味觉，如换米、黄鸡母等。从命名取向，其实就可以看出人与鱼的关系，这里面既有历史成因，也有生活习惯，更有族群的价值观和审美趣味，是地域文化精神的无意流露。

而更能体现古镇渔民审美情趣的还在于鱼类工艺品的制作。很多渔民出于对自己劳动的自豪，经常把一些罕见的鱼制成鱼骨标本放在家里欣赏，制作工艺非常精细；还用"虾蛄"的头部，制成惟妙惟肖的皇冠状的小玩具，有的别在帽子上做装饰品，展现了对生活的热爱和劳动的赞美。至于说上升到一种工艺产业上来运作，那就是赫赫有名的珊瑚盆景和贝雕画，珊瑚盆景不必说了，因为到处都有，要说一下的是达濠的贝雕画。继20世纪六七十年代创造了蛋壳彩绘之后，达濠人又推出新的工艺品——贝雕画，即把贝壳加工打磨成各种形状，嵌在漆板上组成山水、人物、花鸟等图案或大气淋漓的书法。后来，应用范围不断扩大，贝雕画镶嵌在红木家具、门框、礼品盒上作为装饰，广受世界各地游人的喜爱。这一切给古镇赚来了不少的外汇，使"文化古镇"一时间声名鹊起，也造就了不少的艺术人才，至今仍活跃在艺坛，让古镇引以为豪。

文化并不神秘，其实就是生活方式和生活态度的一种表达方式。古镇的人们在求生存、讨生活中就创造了独具特色的"鱼文化"。

（文/陈坤达）

潮味：还原鱼的本质

谈"鱼文化"，意犹未尽，还要就这个话题再聊几句。

我觉得达濠"鱼文化"的代表之作应是名满天下的"达濠鱼丸"。关于这款享誉世界的名小吃（其实何止是小吃，还可烹制上桌大餐）的渊源，历来有两种说法：一说是源自南宋临安大内。御厨经常做"鱼糜"给皇帝吃，"鱼糜"的制作方法与今天的鱼丸基本相同，随宋室南迁而落户达濠；另一说认为创自明末清初的郑成功部下骁将、达濠人邱辉，其母失明但极喜食鱼，事母至孝的邱辉用刀刮取鲜鱼肉，制成丸状，供母亲食用。有趣的是，第一个传说体现了忠君之事，第二个传说体现了孝母之举，难怪后来有好事者戏称"忠孝两全、达濠鱼丸"。姑且一笑置之。其实，我们去探究达濠鱼丸的源流，意义仅在于增添这种佳肴的文化色彩。

今日，达濠鱼丸的制作已不是初始时期的"鱼糜"或"鱼球"了，经过几百年来无数能工巧匠的创新和

>>>

达濠鱼丸出炉　　　　　　　　　　　王少东　摄影

改造，形成了一整套完善的工艺流程和评判标准。食材得选用达濠渔港捕捞的"那哥"鱼。鲜鱼先洗净上砧，砍头去尾，刨皮起肉，要防止鱼刺和外皮的渗入，接着把鱼肉剁成浆，放进特制的木桶中，用刚猛的掌力快速摔打——这就是有名的"拍鱼丸"。"拍"是关键，一桶10斤左右的鱼浆要摔打上千下，十分累人，直拍至胶质慢慢吐出；再次是制丸，在已成胶状的鱼糜中加入鸡蛋清、砂糖、食盐等调味料和少许雪粉，搅拌均匀，用掌、指挤成球状，放入水中，文火蒸煮，至丸熟，能浮起，才告完成。用这样工艺程序制成的鱼丸，体现了脆、嫩、香、甜的口感；视觉上，球体洁白、晶莹；质地上则极富弹性，十分有嚼劲，如往地上摔，往往可弹起一两米高！这是正宗达濠鱼丸才具有的特质。有美食家把"达濠鱼丸"誉为潮汕菜的杰出代表，殊不为过！达濠人民仅凭鱼丸一项就可说对潮汕文化作出了贡献。

另一款风情独具的地方小吃"墨斗卵粿"同样让各地食家所青睐。节令进入冬至，是墨鱼的产卵期，成群结队的墨鱼齐集至近海产卵，此时的墨鱼，肉质鲜美，"前江蒙烟掠墨斗"，秋雾迷蒙中是捕获墨鱼的好时机。每天傍晚，渔船归航，墨鱼在中鞍头堆积如山。墨鱼肉营养价值极高，肉可晒成干，也可摔成丸，更可做菜上席。在别的港口，墨斗鱼内脏中的卵可能会丢弃，而达濠人却将其化为神奇——把卵收集起来，捣烂、加调料、摔打成胶浆，放入平面鼎中烙成薄饼，

>>>

出海归来 陈坤达 摄影

在表皮未变黄之前起鼎，盛上洁白的鹅蛋形瓷盘，未及食用，已然异香扑鼻，及至入口，那香、那嫩、那鲜，把你的味觉提升到一个前所未有的境界，这是无法形容的享受。由此，你也可以理解为何外地来客，到酒楼、小店必定会点"墨斗卵粿"。

我看达濠人在处理、烹饪海鲜时，总是遵循一个原则，即是尽量保持其原味原汁，虽用调料但绝不破坏鱼鲜的"原生态"，享誉甚隆的达濠"食桌菜"就是以开掘原材料的"本味"为最高标准，彰显了达濠人的生活态度。这是群体性的精神追求，并由此延伸到生活的方方面面，潜移默化、日积月累，终而沉淀成地域性的价值观和人生观，待人、接物、处事无不深深打上这个无形的烙印，于是直截了当、求真务实、不尚掩饰、性情外露堪称为达濠人最大的特点。

文化，原来就在人的灵魂深处。

（文/陈坤达）

大公：海鲜的朋友和敌人

　　大公，准确的称谓应是"舵公"，即船老大，但在古镇，人们习惯称"大公"。

　　达濠渔港这一部传奇史，是大公们用生命和血汗写就的，他们用坚强、伟岸的脊梁扛起一个渔港的名声。所以无论谈"鱼"还是谈"渔"，大公都是一个绕不开的话题。

　　大公是一船之长，领导着全船大大小小三十几个人，具有绝对的权威，大事小事都是他说了算。达濠渔港全盛时有二百多对包帆，也就是同时有四百多位大公。这个群体决定着出海捕捞有关的一切事务，从某种意义上讲，决定着渔港的走向与命运。所以，这个群体在古镇有着较为尊崇的地位，走到哪都受到人们的尊敬。"阿大，请食茶"。这种尊敬可以产生极强的激励作用，在众多渔工们的心中，人生最大的目标莫过于有朝一日能当上大公，大家嘴上不说，但心照不宣。

　　可是，要当上船老大可不是一件容易的事。在整条船三十多名船工中最优秀的人才有可能被挑中当大公。

首先，经验、见识、处事均要上佳，能确保这条渔船的收成；其次，在中鞍头渔埠上也应是响当当的角色，如选中一个"纳脚货"（无能的人）当大公，这条船就会被人看扁。正因为难，大公的位置才那么吸引人。

在中鞍头渔港，大公一直都是一个热门的话题。任何一点差错或成绩都会被人放大，然后流传在充盈着鱼腥味的小镇每个角落。

大公们最基本的能力是会看水色。大海无边，波涛汹涌，所谓"山上打只猪易，海里捉尾鱼难"。鱼群会出现在哪片海域可不好把握啊！但大公们心里定定地。他们能根据流水的方向、海水的变化来断定哪里是可下网的渔区，十分神奇。这是多年经验的凝结，乃不传之秘、看家本领。伙计们不明就里，也不能问，只能揣摩，慢慢积累经验。

还有更神的，据说有一位大公，整天阴沉着脸，船上的事也不管，全部交给二手。渔船出海作业，他一上船就倒在舱里呼呼大睡，谁也不敢去惊扰他。那么，究竟要在哪片海域下网呢？这是船老大才能决定的呀！别慌，你只管鼓帆驶船，时候到了，大公就会在舱里闷声闷气传出一声"下网"，你听口令做动作，保管满载而归。有知情者说，他哪里在睡！他是在算时间测方位呢！

大公们还有一项绝技：看天气。在旧时代，没有现在先进的天气预报，要预测风霜雨雪、天气阴晴，全靠直观的认识。大公们就必须具备这个能力——而且往往被视为是否合格的一个重要标准。这方面的传说十分神奇。举一个例，一个春天的早晨，渔船正要出海，突然刮起大风，大伙见状重新抛下锚收拾东西准备回家，唯有一条船的老大说"无妨"，施施然扬帆出海了，大家均感不解：不要命了！有胆大的也跟着起锚，但更多的是按兵不动。说来奇怪，大风刮了两个时辰竟骤然而歇。第二天晌午，当这几条满载的包帆缓缓驶入港口，把大家看得眼热热的，十分佩服那领头船的大公。有人问他何以能通天，只见他抽着一管水烟管，笑眯眯地说："早透一，晚透七，半夜透风二三日（在春天，如果早晨突然刮风，最多刮一天，如果在晚上起风，就要连续刮上七天，如果在半夜起风，则二三天风才能停），以后记着。"这就是经验！也是他们的聪明才智和对自然现象的独特感知。现今，在达濠渔港流传着像上述这样的天气谚语有一百多条，如"元宵月正明，带鱼来看灯"、"海鸟飞过山，大雨淋湿衫"、"五月雷，雨相随；六月雷，干过缶"等。这是十分珍贵的民间智慧。可以说，每一条谚语都是渔民们观察自然的心得，再经过多少代人的积累才形成，我们也完全应该想到，每一条谚语，都是先辈用时间和智慧换来的。

　　大公是渔港的象征，他们用血汗和智慧叠起了古镇的尊严。

（文/陈坤达）

渔港之痛

上面几篇，记述达濠渔港捕捞作业的文化生态，内容不外乎辑录港口趣事、侃侃鱼色特性、谈谈鱼文化等。但是，细细想来，这些文字都没有揭示渔港最本质的东西，充其量仅涉皮毛而已。为什么这样讲？出海捕捞作为古镇千百年来重要的生存方式，是祖祖辈辈生命中不可承受之重。然而在我以上的文字中，却更多是文人某种游离物外的情趣。事实上，一个渔港渔埠的形成、发展以至建立知名度，是无数渔民血汗的集聚，中间藏匿着多少生与死的较量、惊涛骇浪中的舍命搏击！一代又一代人的锲而不舍，方才成就了今日达濠。掀开这段风雨尘泥的历史，有多少沉重的话题在神明深处翻腾！

在古镇，许多古老的民间习俗让外人不可理解，甚至指摘为愚昧，比如对生男孩根深蒂固的心理情结，在神明崇拜中异乎寻常的沉湎等。然而这一切，却不着痕迹地折射这个族群的生存环境和悲怆历史。

自北宋起，达濠岛就有了人烟聚居，大多为南迁

>>>

海上人家　　　　　　　　　　黄剑豪　摄影

北人。既落海瞰，煮盐和捕鱼成了生存的两种手段。这两项都是强体力活，由于生理的原因，一般只有男子才能胜任。所以，生男孩是渔民们梦寐以求的，不单为传宗接代，更重要的是要承接起养家的重担。这一观念根深蒂固，致使多少年后的今天，虽然男女平等，许多事情女人们也丝毫不逊色于男人，但重男轻女的思想仍然是挥之不去的阴影，给计划生育工作带来不小的阻力。

古镇的男人们在向大海求生存的恶劣环境中，练就了一身钢筋铁骨和坚韧的禀赋，强壮的体魄、古铜色的肤色、豪迈的性格是古镇男性美的标志。明代林大春在撰《潮阳县志》时也不忘赞一声"招（指招收都，达濠的前称）多健儿!"出海作业时需要扯开嗓门喊话，造就了达濠话的"硬"、"响"、"直"，娘娘腔在这里是受到鄙视的。崇尚血性、野性成了达濠人群体性的价值观。这都是在风雨中摔打形成的。

古镇的先辈们既然选择这样的生存方式，就是选择了与命运的抗争、与死神的拔河!

达濠人把出海捕捞作业称作"讨海"，含义是向肆虐的大海讨一口饭吃。俗谚说"行船讨海三分命"，就是概括了旧时代渔民们命运的多舛。那时，预测气候靠看天，具有不确定性；帆船又破又小，行进在瞬息万变的大海上，随时都有生命的危险。我看到一份旧资料，心灵极为震撼!古镇每年都有好几次"骤遇狂风恶浪，摧船折桅，死者＊＊人"的记录!我们完全

>>>

收获归来　　　　　　　　　　　高伦双　摄影

可以想象，那是一幅什么样的图景：年轻的妻子目送着丈夫的渔船驶出海口，一颗心便悬着。突然恶风骤起，妻子发了狂似的跑到中鞍头，对着昏黑漠漠的海天，望眼欲穿……不幸的消息或许就像晴天的霹雳，会当头砸下！当这样的场景不断重复出现的时候，是怎样地撞击着每个人的心扉！

活生生的人啊，就这样消失在风浪之中，妻子们连丈夫的尸身都见不到就成为寡妇！古镇有一个令人心寒的习俗：未亡人要到海边点一盏灯，又用刀尖在手臂上刺出鲜血，滴入大海，然后把头发打乱，在海水中搅十二圈，以此招引丈夫的魂魄归来。说来不可思议，有时候丈夫的尸体真的会漂到下尾来！老人们说是有灵，我看更多的是由于潮汐涨退，因为濠江是一道峡湾，每天按汛吞吐潮水，海面的尸体会随潮漂到岸边。有一个船老大，在渔船被恶浪吞没的一刹那，有幸抱到桅杆，在海面漂了七天七夜，喝自己的尿维持生命，最终被邻县渔船救起。辗转回家时，看到妻子正在下尾海边招魂，夫妻二人抱头痛哭！

所以，古镇祖祖辈辈的讨海人，对天地、大海有一种发自心灵深处的恐惧，生存的艰难、人生的无常，使他们把一切寄托于神的佑护，拜佛祖、拜神明、拜观音、拜妈祖、拜地头伯公……释道儒三位一体，不论何方神圣，只求能保佑平安，极为虔诚。外地人到达濠来，会惊异于寺庙之多、祭拜之繁，这不能以愚昧来一言以蔽之，而应该投以更多的人文关怀。

一个地方的历史和风俗，就是一部心灵史！

（文/陈坤达）

不可或缺的咸：晒海盐

盐业是潮汕地区最具传统意义的产业，这一古老的产业，开启了潮汕的人文发展史。很多资料显示，出于种种原因从北方辗转南来的先民们，来到大陆的边缘，之所以决定在这里定居，乃是看中此地最适宜"煮海为盐"。在漫长的封建社会，盐和铁一直是统治者的命根子，是关乎国计民生的"战略物资"。在冷兵器时代，铁的重要自不必说，盐，是关乎每个人性命的必需品，历来为官家所掌控。盐按所取得的方式分为矿盐和海盐。矿盐即井盐，产于内陆，开矿掘取；海盐，从海水中直接提取。制盐能产生巨大的经济效益，维持生存是完全没有问题的。所以，如果我们能够穿越历史的时空，就会揣测到先民们当年寻觅到这种生存方式后是如何欣喜若狂，从而毫不犹豫地决定"长做潮汕人"。

史载，宋仁宗天圣年间（1023—1032）潮汕盐业产销已具相当规模，盐政机构随之加强，在海阳、潮阳设置小江、招收、隆井三个盐场，分设巡司，招收

>>>

女盐工　　　　　　　　　　　　　　林怀柔　摄影

是达濠的古称，为都建制，加上砂浦都，管辖范围与今日濠江区大致相同。这个招收，很有点"原本并不管理，后来才纳入"的味道，也正是这个称谓，让达濠人心理上常有一种叛逆、边缘的特质。巡司即是巡检司，负责盐场的生产管理和稽查。据地方志记载，招收盐场分设河东栅和河西栅两处，河东栅包括青州、下五乡、葛园。河西栅包括钱塘、凤岗、马窖、羊背、南山。达濠本岛自此又称河东。

上面文字几处说到"煮盐"，这是指一种生产方式。林大春撰《潮阳县志》（隆庆版）说到"惟砂浦至于招收，地近俗殊，砂多美土，招多健儿，煮海为盐，下广为生，千顷霜飞，万斛鸥轻"。如何"煮海"？曾问老盐工，都说不知道。我疑心"煮"者应是称为"晒"的，潮涨之时，引海水灌入盐埕，洒上盐卤，烈日蒸晒，水汽上升，几天之后，即可见盐。这个过程古人落文称之为"煮"，潮汕神童苏福有联曰："任卤浸咸蒸"，或可印证。

先民就依靠"煮盐"，千年风雨，承续至今。"煮盐"最盛，当数达濠。在很长的时期内，晒盐是濠江两岸人民最重要的"第一产业"，出海捕捞和耕种只能算是第二和第三。《潮阳县志》（隆庆版）载，洪武年间，"招收旧管盐田四千三百二漏七分六厘"，产量则占了潮汕的一半以上，招收盐场产出的海盐还特别好，一直是广东的一等精品盐。曾经作为贡品专供大内之用。可以说，是这白花花的海盐，使达濠成为潮汕四

>>>

盐场秋韵　　　　　　　　　　　　陈基跃　摄影

大古镇之首，名扬海内外。据《地舆志》载，汉魏以前，达濠并非整一海岛，而是分成三个岛屿，大致位置是广沃大山、大望山系和香炉山系，海水隔开，其后沧海桑田，在韩、练、榕三江冲积之下，三岛由海滩连成一体，这个过程使盐田迅速扩张。所以，招改盐场的形成因年代不同而相差较大。比如说，河渡盐场可上溯至唐乾元年间，塘边盐田则在南宋初年形成，至于马窖和青州盐场则稍后，大致在明末才形成规模。据说塘边仍遗存宋代盐田的界碑。笔者几次勘踏，遍寻不获。有盐场就有盐栈，那是海盐的转运中心，现存的古盐栈有河渡和马窖两处，马窖盐栈建于光绪年间，仅一百多年，河渡盐栈更早一点，确切年代已不可考究，除了盐栈，各处盐场仍存有使用至今的石碾、咸沟、卤池、水闸等。

今天古老的盐田已经暮霭沉沉，走到了一个历史的转折时期。现有盐田面积不及明代的五分之一，能正常生产的就更少了，其中面积最大的青州盐场也即将退出历史舞台。

只有在这个时候，我们才猛然惊觉，心生眷恋。逝者如斯，我们要用什么方式来纪念和回望？

（文/陈坤达）

香喷喷的达濠鱼饭

在潮汕地区，最具地方风味，而又最为大众化的海鲜菜肴，恐怕就是潮汕鱼饭了。而鱼饭要数达濠古港最负盛名。

在潮汕地区，差不多每一个肉菜市场，都有鱼饭供应。每天清晨，在摆卖鱼饭的小摊上，那一个个的小竹篮里整整齐齐、一层又一层地叠放着各式各样的鱼饭，有的洁白如玉，有的鱼鳞则还在闪着淡黄的金光。在这各式各样的鱼饭中，有较为高档的鱼类，如黄墙鱼饭、乌鱼饭，但更多的是大众化的鱼类，如吊颈鱼饭、巴兰鱼饭、沙类鱼饭，甚至还有那如小手指大的公鱼饭。这些都是每个家庭主妇每天菜篮中常见的品种。潮汕人每天清晨喜食潮汕粥，下粥的菜式，最常见的是各式杂咸，如酸咸菜、贡菜、乌榄等，其次便是小碟中摆着一两尾刚从市场购回的鱼饭了。

在潮汕沿海地区，几乎凡是有捕鱼的地方，都加工制作鱼饭。新鲜质优的鱼饭，其外表鱼色富有光泽，鱼身坚挺硬直，用手略按鱼身，鱼肉有坚实感。鱼饭

>>>

渔村即景　　　　　　　　　　　　　李旭智　摄影

肉色洁白，因其制作方法，跟制作白斩鸡相似，故能很好地保留鱼肉的原有的鲜甜味。过去，鱼饭只是作为潮汕地区一道家常菜，而现在随着潮汕菜的兴起，这一极富地方风味，潮汕菜鱼类菜肴中唯一一道冷菜的鱼饭，往往也成高档潮汕菜馆席上佳肴，它的酱碟，便是两小碟普宁豆酱。

鱼饭，在港澳地区和广州、深圳一带叫"潮州打冷"。外地人到潮汕，他们见到菜谱上写着黄墙鱼饭、乌鱼饭，还以为是白米饭上放一两尾下饭的鱼，便是鱼饭了。其实，鱼饭是潮汕人对海鲜进行特殊烹制后的打冷鱼的一种特殊的称呼。

鱼饭的制作方法是：

一、首先是制作鱼汤，所谓鱼汤，实则即是盐水，将大锅里放入水，再按10∶1的比例加盐，然后烧沸；

二、将鱼洗净摆在鱼篮中，放进烧沸的鱼汤里面煮，直到鱼眼珠突出或用手按鱼肉有弹性时即说明鱼已熟；

三、鱼熟取出，必须用鱼汤在鱼面上浇上一遍，去掉鱼面的泡沫，使鱼洁净、美观；

四、鱼取出后，必须斜放在地面上，使鱼篮里面的汤迅速流出，而不可以平放；

最后要说明一点的是，摆鱼的技巧是制作鱼饭的至关重要的关键一步。它的做法是先将鱼铺在鱼篮上，在鱼面均匀地撒上一层盐，然后再交叉地放上一层鱼，再撒盐，这样可以使鱼与鱼之间有空隙，煮鱼时鱼汤

>>>

渔之梦　　　　　　　　　　　　　　　　杨毓添　摄影

能够很快渗入里面，使鱼均匀受热，鱼和盐的比例是20∶3。此外摆鱼时，还要注意鱼尾放在中间，鱼头在边沿。

（文/陈汉初）

二、潮汕平原上成长的丰富食材

>>>

位于北回归线，迎受东南季风，背山面海、土地肥沃、雨水丰润的潮汕平原，为族群奉献着品类繁多的食材，无不打上地域的印记。厚德载物，在潮汕平原上种植的食材，菜蔬果实，一类是自古以来就在这片土地生长祖先取而食之，传衍至今，比如姜薯、竹笋等；一类是古代几次大移民，从中原地区带来祖宗古老的物种，在此重绽新芽，养育辛劳的子民，比如饔菜、芥菜等；还有一类，是从西洋或南洋传入，东成西就，扎下根来，比如东京薯、番薯等。几乎每一个物种的传播和植养，都折射了族群历史最本原的篇章。

　　本章主要介绍潮汕山野河谷出产的特产佳珍以及据以制作的独特菜肴。

母土的气息：姜薯

　　姜薯，只在潮阳县和惠来县的部分滨海地区的山地种植。其中，最出名的是潮阳河溪镇上坑姜薯。上坑姜薯皮薄光滑，薯大肉白，粉泥粘连，品上质优。

　　潮汕人特别喜欢吃姜薯。除夕围炉，几道菜中往往就有一道是甜姜薯。大年初一，亲朋登门拜年，主人便会煮一碗姜薯片汤招待。按照潮汕民间习俗，客人可以辞却别的款待，唯独这碗姜薯汤非吃不可。因为它表示主人对来客的敬重。过去，新娘过门第二天早晨，也要吃一碗家婆或小姑特意为她制作的甜薯汤。姜薯汤，在潮汕人的心目中，不只是一般的食品，它象征着甜蜜、美满，也象征着吉祥和幸福。

　　潮汕人吃姜薯，是很有讲究的。把姜薯削成薄片，放到沸水中煮片刻而成薯片汤，汤中的薯片微微卷曲，吃起来清香爽滑；把姜薯切成薯块，加白糖和猪油用文火慢煮而成的焖姜薯，吃起来甜润可口；把姜薯炊熟后捣成泥，拌上糖、�（即油），做成桃、杏、柿等五种果品的形状，随时可蒸热吃。这种姜薯五果，用于喜宴，往往是宾客们交口赞誉的一道素菜佳品。

另外，把姜薯切成小块作为肉类配料，加上盐等配料，薯块香松，别有一番滋味。再是把姜薯在特制的磨钵磨成薯泥，因姜薯松脆，磨后还存有粒状，适合烹煮姜薯丸，蒸姜薯酵则嫌粗糙，姜薯丸则香脆滑润。

另一种制法是掺入白糖绞成泥浆，薯泥很黏，不知情者以为蒸熟后会黏齿塞喉。奇怪的是把薯泥放在器皿蒸熟后没加酵母菌而成姜薯酵，它松而不黏，比蛋糕还爽口。形、色、香、味俱全，状如凝脂。凝脂是什么样子呢？《诗经》有说美女"肤如凝脂"，那姜薯酵就像美女的肌肤一样惹人喜爱。其实姜薯酵色更洁白，而且清香甜美，令人口馋垂涎。

姜薯虽属薯类，身价却并不低贱。有些前来探亲的华侨、港澳同胞回归居住地，千里迢迢，也要带上几条姜薯，好让海外乡亲尝尝。有些离乡多年的侨胞，一回到祖居地，就渴望吃上一碗姜薯汤。家人也理解他们的心愿，当他们刚一进门，一碗甜津津的姜薯汤便端上来了。

（文/陈汉初）

佛手老香黄

潮汕凉果老香黄（也称老香橼、佛手香黄），因其药用价值显著而备受潮汕人青睐并享誉海内外。

老香黄这种凉果是用佛手柑（也称五指柑、蜜萝柑或福寿柑）的果实腌制而成的。李时珍编撰的《本草纲目》对该柑记曰："其木似朱奕而叶尖长，枝中有刺，植之近水乃生；其实状如人手，有指；其色如瓜，生绿熟黄；其核细；其味不甚佳而清香袭人。"《潮汕植物志要》（吴修仁编著）也载："本种是枸橼的变种，为常绿性的乔木或灌木，果实长型，分裂如拳，或张开如指，叫佛手。本性喜温暖多湿及半阴环境，潮汕各地栽培于庭园或果园之中，供观赏，果皮和叶含有芳香油，为调烹原料。"我国传统医学认为，佛手柑性味辛、苦、酸、温，入肝、经胃，具有理气化痰的功效。

由于佛手柑所具有的独特药用价值，明代以来，潮汕乡民就懂得以其为原料来制作老香黄，并逐步形成了一整套腌制佛手柑的科学流程和经验做法：切块

（以棱为块）——腌盐（用盐腌之入里）——晒干（去掉水分）——炊熟（除菌变软）——浸糖、甘草（腌之透里，吸收糖分和甘草液）——再晒干（多次反复）。整个流程的周期从生到熟需要相当长时间。通过这种精工细作式的腌制过程，进一步开发、提升老香黄的药用价值，使之具有增进食欲、理气化痰、解酒舒气功效，可治胃痛、腹胀、呕吐、嗝噎、痰多咳喘等疾病。因此老香黄成为潮汕人家庭必备的药用凉果，且久藏不坏，愈久药效愈佳。

由于老香黄形状恰似佛手，既有美感且药效又佳，故很早以前在潮汕民间就流传着一段传奇故事：远古时候，潮汕地区北隅有一户人家，母子两人相依为命。母亲年老多病，胸腹胀痛，终日双手抱胸，苦不堪言。孝顺的儿子为给母亲解除病痛，四处求医寻药不果。后来他听说五指山上有个指尖峰长了一种能治其母之病的药果，但又不知其具体形状、模样。儿子费了九牛二虎之力爬上了那座险峰，突然间发现不远处有一只满头白毛的老猴，双臂抱胸，不时喘气，不一会那猴张眼四处寻觅，后走近峰端上的一株果树，上前摘下树上的果子往嘴里送，不一会便见其气色大有好转。这个孝子断定此果必是他母亲所需要的那种药果，便快步上前。只见那树上挂着的果子形态各异，握着如拳，伸之似指，色呈金黄，其味清香扑鼻，于是他将果子摘下来，飞快地跑回家，拿给母亲试服，果然见效。服了数月之后，病状消退。他们母子十分高兴，商量着用这种药果的种子在平地培育出新的果树并结出果子，用以治疗患有同样疾病的乡亲，并将果树取名为"佛手柑"，进而又制成老香黄，四时贮放，以供保健疗疾。

（文/陈汉初）

黑不溜秋的名品：鼠粬粿

鼠粬就是鼠粬草，是潮汕的一种青草药。这种草药遍布于潮汕乡村的番薯园、果园、菜园及田埂上。

鼠粬草别名清明菜、田艾、鼠耳草、香茅、黄花白艾、佛耳草、土茵陈、白头草、追骨风等。据《百草》一书介绍，鼠粬草为菊科植物，全草可以入药。一般生在路旁、田地、山坡、草地等，春夏间采收较多，分布在我国的黄河流域以南各省区。

鼠粬草性甘、平，有止咳平喘、解毒、降血压、祛风湿的功效。主治感冒、咳嗽、哮喘、高血压、支气管炎、风湿腰腿痛，外贴可治跌打损伤、毒蛇咬伤等。

潮汕美食能把民间所采用药草与食物结合在一起，制作成为美味食品，把享受美食和医治疾病结合起来，是潮汕人智慧的结晶。潮汕鼠粬粿是用糯米粉（掺少量粳米粉）掺入鼠粬泥，经糅和制作后作粿皮，包馅（甜馅居多）蒸熟而成。潮汕鼠粬粿形成的历史悠久，是民间过清明节、过年必备的祭品。

>>>

年节粿品　　　　　　　　　　　　陈坤达　摄影

据传说，南宋末年，由于元兵南侵，潮汕地区烽烟四起。当时，潮汕人为求生存，只得忍着饥寒啃草根、吃野菜。有一位老者发现山上有一种绿茸茸的小草，试吃之，不仅无毒，还具有一股淡淡的甘香味道。后来，人们就把这种草药煮煎成汁，和糯米粉作皮，做成粿品作为敬神祭神的祭品。经过长期改革演变，形成今天的风味潮汕小吃鼠壳粿。

鼠壳粿在潮汕家喻户晓，流传着许多传奇故事。某年，澄海天后庙就发生了一件与鼠壳粿有关的"奇遇"。

澄海有个富人黄某，是个出了名的"咸涩俭"（抠门）。这一年春节，黄某到天后庙还愿，不料天有不测风云，刚进庙门不久就下起了雨，过午了雨仍下个不停。黄家是天后庙的常客，庙祝见黄某待雨饿了，就端上一盘热气腾腾的鼠壳粿，请其充饥。黄某确实饿了，一口咬下去，不禁惊叹：不得了！天底下怎么会有如此喷香、如此细腻、如此奢侈的果品！黄某一连吃下了三只，第四只抓在手，却停下了，掏出手帕包了起来，准备带回家让老婆见识见识。刚好，被庙祝撞上了。他尴尬地笑了笑说，师傅，这鼠壳粿是太好吃了，是粿中极品！我这辈子什么好物没吃过？可就从没有吃过这样精美绝妙的鼠壳粿！庙祝听了一愣，突然失笑起来说，财主你是饿急了，这鼠壳粿，正是你家财主娘昨天来上香时施舍庙祝的……话未说完，黄某脸全黑了，二话没说，大步跨出庵门直奔家里而去。这黄某气喘吁吁地回到家中，把一家老少召集到中堂，掏出鼠粬粿，狠狠地说，你们看，你们看，这家是这样在破！简直是把钱不当钱，把物不当物！你们看，这鼠粬粿，包的什么馅？香菇、肉丁、花生仁，再有虾仁倒也罢，还有鱿鱼丝！你们看，这样的山珍海味供了阿娘带回自家吃倒也罢了，还……还送那庙祝！黄某着实大发了一通雷霆，但他还不明白，正因为他治家的"咸涩俭"，老婆拗不过俭不惯，这许多年来，都背着他做两种鼠粬粿，好的是他的老婆及儿孙们享用，这劣的却专供他一个人独得！

鼠粬粿的做法是：先将鼠粬草在锅中熬成汤汁，用密勺过滤鼠粬草汤汁，倒入盛有糯米粉的盆中，加入适量猪油，反复搓揉成糯米粉并捏成圆薄片作为粿皮；再用这粿皮包上芋泥或豆沙之类的甜馅，捏成圆粿形，然后用圆形或桃形木制或陶制粿印印出花纹，以芭蕉叶垫底，上蒸笼蒸五分钟左右至熟即成。

鼠粬粿颜色深绿，柔软香甜，有自然芬芳气味，加上用芭蕉叶垫底，更能衬托出此粿品的绿色自然风格。

鼠粬粿产生于民间。旧时，要算揭阳、澄海农村做的鼠粬粿最出名。鼠粬粿有甜的，也有咸的，澄海县樟林的鼠粬粿还有咸甜双烹的。甜馅为乌豆沙或绿豆沙；咸馅是用糯米饭加上香菇、虾米、肉丁等料混为一体；双烹则是一半为甜一半为咸。吃时可再蒸热或油煎，入口有软香、甜润之感，别具风格。

（文/陈汉初）

潮汕情味：青橄榄

橄榄是潮汕人所喜爱的水果，小小的个子两头尖，翠绿的身子不起眼。潮汕人对橄榄有着浓浓的情怀，在平常的生活中，饭后喜欢嚼粒橄榄帮助消化，出门时口袋里也喜欢装上几颗以解劳顿。

出门在外，如果你看到有人从兜里掏出塑料袋，拿出几颗洗净的青绿橄榄，不用问那一定是潮汕人了。只有潮汕人，喜欢在坐车累了、走路乏了、吃油腻了，挑一颗小橄榄放进嘴里咀嚼，顿时唇齿生津，神清气爽，一股淡淡的清香自口腔中散出，那青涩和甘香之感让人回味无穷，喉咙干爽，就连吃剩的橄榄核也喜欢在舌尖口腔中来回咀嚼，咀嚼的是一份浓浓的潮汕味道。

过年时节，橄榄是家庭必备的年货，翠绿娇小的个子装在精美的玻璃盘里，放在茶几上，精致透亮，色彩诱人，来往宾客会调侃一句"新春如意，橄榄来试"，说完信手拣起一颗放进嘴里慢慢咀嚼，空气中荡漾着橄榄的醇香味，酥脆脆的咀嚼声也让闻者垂涎，口水直咽。

难以想象，橄榄小小的个子，却长在高高的橄榄树上。人手根本够不着，果农们去收橄榄也要靠一张长长的梯子来采摘；有时候也采用"扣橄榄"的方式来收获橄榄，即用一根嵌有铁钩的长竹竿轻轻一扣，那小小的果实就调皮地"噗噗"往下掉。

每次到了橄榄收获的季节，我就会想起那次去潮汕饶平"扣橄榄"的经历，笑意也会荡漾在嘴角眉梢。

那天的阳光很好，抬头仰望，一颗颗青翠欲滴的果实挂在枝头，摇摇晃晃，一团团，一簇簇，惹得人口水直咽。一位同事拿来一根长竹竿，踮起脚尖，用力扣下橄榄，树下的同事，一个个如鸭子般伸长脖子仰望，有的拿着帽子接果，有的拉开衬衫当盆子，橄榄一个个"噗噗"往下掉，有的橄榄正好敲中树下人的头部，有的打着脸颊，更有趣的是一位同事刚好张开嘴巴，一个橄榄不偏不倚掉进嘴里，不知谁说了一句"天上掉下个馅饼了"，更有一位唱了一句"天下掉下个林妹妹"，逗得大伙哈哈大笑。欢乐的笑声随着午后的阳光到处跳跃，收获橄榄的同时更是收获一份快乐。

这翠绿的小果子不但给了我快乐，还让我有一次在异地朋友面前大大地"炫耀"了一下，让我自豪，让我得意。

那次参加省公司的企业文化活动，来自四面八方的朋友欢聚一堂。饭后散步，我拿出橄榄，很多北方朋友对这小小的果子不认识，问我是不是台湾槟榔，我说是潮汕橄榄，先尝尝再说。于是大家就争先恐后各挑一颗放进嘴里，一嚼，各种奇形怪状的表情和声音都出来了。有的眉头皱在一块，有的牙齿"吱吱"作响，来自湖南的谭老师更是摆着一张苦瓜脸，晃着头对我说：

"太难吃了，太难吃了，我再也不敢吃了！"吓得他摇头晃脑，摆手推辞。

可过了一会儿，他就悄悄跟上来问我："刚才那个绿色的东西叫什么名字，怎么我现在的喉咙特别甘甜，也不见咳嗽了？"

我得意的口气中多了几分自豪："那是我们潮汕有名的橄榄！"

"噢，橄榄，我记住了。"他若有所思地点了点头，还伸手向我再讨几个。

文化活动过后，不久我就接到他从湖南打来的电话，要我帮他买橄榄，说要送给周围的亲戚朋友分享，他说上次我给他的几颗橄榄，居然治好了他的咳嗽，真是神了！

我更加得意，没想到潮汕橄榄，让我如此自豪，还有如此功效。于是，我上网查了一下橄榄的用处，真不赖，橄榄用途可多啦：可入菜，可入药，可沏茶。

潮汕人与橄榄的情结，还在于自古传下的以橄榄入菜、入药、入茶的各种功用。明代李时珍的《本草纲目》中就记载：橄榄"治咽喉痛，咽汁，能解一切鱼鳖毒"。潮汕医家也用青橄榄入汤入药以食疗，如中医偏方的"青龙白虎汤"，就是取用橄榄五粒、白萝卜二百克，煮汤饮服，对防治流行性感冒有疗效。"橄榄酸梅菜"则用橄榄五粒、酸梅十克，稍捣烂后加水三碗煮为一碗，去渣，加白糖适量调味饮用，可治秋燥引起的咳嗽痰稠、咽喉肿痛、酒毒烦渴等症。中秋过后的燥邪致咳频，古法用橄榄五粒、水二碗炖一碗饮服。

一直以来，潮汕媳妇就喜欢煲一锅橄榄猪肺汤，这一平民百姓餐桌上的家常汤品具有清肺利喉、止咳的功效。

橄榄不单有很好的药用价值，用橄榄做成的各式小吃，也是相当出名的。心灵手巧的潮汕女人，还会做花生橄榄。把橄榄敲碎，加上花生、芝麻、南姜、盐、糖，最后配上芫荽，一盘色香味俱全的花生橄榄就摆在面前，解腻解馋，吃后更是口齿留香，回味无穷。

橄榄也能做出许多美味的食品，如蜜制的甜橄榄、腌制的咸橄榄、熬制的橄榄菜……这些由橄榄做成的食品还畅销国内外。很多华侨回到潮汕，也要带上几瓶橄榄做成的特色小吃，游子的思乡之情就在这小小的颗粒中得到释怀。

美食家郑宇晖讲述了有关乌橄榄菜的来历：相传旧时，穷苦的潮汕妇女为了不浪费家里剩余的咸菜叶，便将生涩的青橄榄与其一起熬煮，没想到煮出来的黑咕隆咚的杂咸却成了送饭配糜的良品——这就是潮汕橄榄菜的前身。

在潮汕人的记忆中，打上了潮汕烙印的远不止橄榄糁和乌橄榄菜，让潮汕人念念不忘的还有那糖渍渍的甜橄榄，潮州的酱香油橄榄以及孩子们盼望的甘草阿伯经过家楼下时吆喝的那句："甘草橄榄好食哉！"

传统的以橄榄入菜的菜品还有多见诸于百姓餐桌上的橄榄菜蒸肉饼，以滋补著称的橄榄炖螺头汤，橄榄炖鱼胶汤等。近来不少家庭主妇为丰富家庭餐桌、尝鲜创新菜式，也曾试用过橄榄糁代替酸梅蒸鱼，但味道如何，就真要试过才知了。

追溯橄榄的历史，元代即有诗人洪希文赞誉它："橄榄如佳士，外圆内实刚。为味苦甘涩，其气清以芳。佐酒解酒毒，投茶助茶香。得盐即回味，消食尤其方。"明代的《澄海县志》也有记载："物产有橄榄，实小而尖者为佳。"

民间素有"桃三李四橄榄七"的说法，即指橄榄树生长缓慢，至少需栽培七年才能挂果，成熟期一般在每年10月左右。新橄榄树开始结果很少，每棵仅生产几公斤，25年后才显著增加，多者可达500多公斤。而橄榄树每结一次果，次年一般要减产，休息期为一至两年，所以橄榄产量有大小年之分。

橄榄在我国栽种的历史悠久，潮汕地区的水土适宜种植橄榄，潮阳、潮州、饶平很多地方都盛产橄榄。橄榄的品种又细分为澄海南溪橄榄、潮阳三棱橄榄、潮安铁铺橄榄、揭西凤湖橄榄，其中以果色金黄青绿，清甘爽口，齿颊留香的潮阳三棱橄榄最为闻名遐迩。

品种最好的就是潮阳的三棱橄榄，它的尾部呈三棱形状，嚼起来香气四溢，没有残渣，甘味悠长，不愧为橄榄之王。每年到了年底，这种橄榄价钱猛涨，还经常供不应求。

三棱橄榄一斤都是几百上千元的，可以用金贵来形容。2005 年，潮阳一颗被称为"果王"的 14 克重三棱橄榄甚至拍出了 8.6 万元的天价。单单从橄榄的"高身价"，就能看出它有多受潮汕人喜欢了。

那一次我有幸尝到了三棱橄榄，味道醇香无比，液汁丰富，咀嚼起来酥脆无渣，吃后喉咙甘味悠长，让人神清气爽。于是明白这样的道理：美好的东西，总有它存在的价值。

潮汕人的个性，也如这小小的橄榄一样，不张扬，不虚夸，内敛而含蓄，优良的秉性辈辈相传，传统的韵味代代留香。

我爱橄榄！更爱潮汕！

（文/杜祝珩）

大吉大利：潮州柑

朔风初起，天气渐冷，这时候很多果子都逐渐减少，有的凋谢飘零，有的甚至销声匿迹。然而有一种果子在这个寒冷的天气中挂满枝头，硕果累累，它就是潮汕有名的潮州柑，这时候正是它当季节的时候，清香扑鼻，甜蜜无比。

摘下一个柑子用手轻轻一掰，柑皮上就喷出一层蒙蒙的水汽，一股淡淡的香味就在空气中迷散开来，一瓣一瓣的果肉紧紧地抱在一起，犹如春天里含苞待放的花蕊。轻轻一咬，饱满的果肉粒充溢口腔，黄色的果汁沁人心脾，那感觉奇妙得很：甜中带点酸，是春天飘香的小花，是夏天冰爽的泉水，是秋天最留恋的那片金黄，是冬天那一丝微凉的风儿。难怪有那么多人吃了就忘不了，想戒也戒不掉。

悠悠柑味香，浓浓潮韵情。潮汕人的幸福包裹在一个个金黄的果子里。

潮州柑在粤东地区是出了名的，潮汕有首歌谣这样唱：

潮州出名碰桶柑，

山门城出好束沙，

大长陇出好南糖，

流沙出名浮豆干。

各地方出名的美食已在歌谣中展现，潮州柑也写进歌谣里，说明了它的好吃已经出了名，它在潮汕地区有着举足轻重的地位。

潮汕人的生活离不开柑的陪伴。只要有祭拜的场面，就有潮州柑的存在。不单是祭拜，婚庆嫁娶，添丁聚财，搬迁喜庆，都离不开潮州柑这位主角。

柑在潮汕地区还是一种象征吉祥的果子。潮汕人不叫它为柑，而称"大桔"（大吉），它和橄榄同为春节中不可或缺的时果。过年走亲戚时，礼品中也会带上一对"大吉"，在亲戚的礼数往来中互相交换，表示彼此都能"大吉大利"。

做红事之后，也不忘向人家讨一对"大吉"以图喜气。譬如为人家娶亲接新娘子，或者生小孩等喜事，主人答谢客人要封好利包再加一对"大吉"，这样双方都好都能吉利；逢年过节的祭拜，果盘中的五果（就是五种水果）中一定要有一对"大吉"摆在最上面；女子求签拜神，在神灵面前祭拜许愿，也要带上一对"大吉"，目的是希望心想事成，吉祥如意。

由此可以看出，日常生活离不开柑的影子，生活中的很多趣味也跟柑子有关。记得小时候听大人讲过这样一个笑话。

潮汕过年时，一位丆啬兄到丆啬叔家里拜年，刚好丆啬叔不在家，丆啬婶接待，丆啬兄用手比了一对大大的"大吉"对丆啬婶说："新年如意，大吉大利！"丆啬婶也回敬了一对"大吉"手势。等到丆啬叔回家，听了老婆的描述，他赶紧纠正老婆说："下次你比的手势可不能太大，不然大吉大利全被他占了！"

从这个笑话中也可看出，潮汕人对生活态度的幽默与风趣，同时也展现了柑这种"大吉"的好意头在潮汕地区的重要。

翻开史书查看，潮州柑在潮汕地区的栽培历史至今已有一千三百多年。明代郭青螺在《潮中杂记》中就提及："潮果以柑为第一品，味甘而淡香，肉肥而少核，皮厚而味美，有二种，皮厚者尤为佳。"潮州柑有三个品种，包括蕉柑、碰桶柑和雪柑。其中碰桶柑最为著名，是中国柑桔类中果实最大、品质最优的品种，日本柑桔专家田中长三郎誉碰桶柑为"远东柑桔之极品"。但碰桶柑枝梢较长而直立，若管理措施不当，树势易过旺而延迟结果，冬季易落叶，果实易受吸果夜蛾等危害。在碰桶柑中，较著名的品种是碰桶柑和阳二号，其果实扁圆形，平蒂，果皮橙红色，美观，富含营养，肉质脆嫩化渣，甜酸适中，有蜜味，成熟期为11月下旬至12月中旬。

潮汕地区气候宜人，适宜耕种，瓜果收成好。当季节的水果没办法全部吃完怎么办？在潮汕人灵巧的双手下，很多蜜饯果品应时而生。潮州柑也一样。柑饼，就是蜜饯后的柑了。因为它被压缩得像饼一样的形状，所以称为"柑饼"。一般是供元宵夜赏灯时充五果碟作料之一，也作为馈赠远方亲友的手信土产。

制作柑饼，不只是果子厂的专长，一般潮汕的家庭妇女也都善于制作。做时先将蕉柑刨去一层薄外皮，放在清水中浸，数天后捞起，放进热锅里煮过，再捞起对称切开纬线四条，用器把柑压平，挤去汁，使成饼状，再放进浓糖液中滚，等糖水已成稠液状，这时糖已透入柑肉，再放进一些麦芽糖。这样即成金黄色，而味则如蜜糖般香甜。这种甜点最适宜于送饮功夫茶之用。

远方的朋友尝到这甜蜜蜜的果品，也会满心欢喜，毕竟，被人惦念的生活更加多姿多彩，友谊也在小小的果品中变得更加黏稠。

潮州柑还是潮汕菜的拼盘、菜肴围边常用的原料，潮汕菜中有一道著名的点心叫"金钱酥柑"，便是以潮州碰桶柑为主要原料制作出来的菜式。现在潮州的蕉柑已经畅销国内市场和日本、欧美、东南亚以及港、澳、台等多个国家和地区了，好的东西总会让世人所青睐和接受的。

潮汕是一个适宜居住的地方，气候不温不火，土质适宜耕种，出产的很多瓜果，让本地人自豪，也让外地朋友羡慕。过年喜庆，亲戚朋友一见面一拱手："吉祥如意！大吉大利！"

（文/杜祝珩）

萝卜，幸福的感觉

潮汕人常有这样的说法："十月萝卜小人参"，就是说这时候的萝卜是最当季节、最好吃、最有营养的。当季节的萝卜，本身就特别的鲜甜和清爽，它成为餐桌上受宠的美食，受到潮汕人的喜爱。

萝卜的繁殖力很强，各方水土都能适应，因此南北各地都有种植。古时的萝卜称为莱菔，萝卜的品种有很多，红萝卜、青萝卜、白萝卜、水萝卜，还有一种叫心里美。南北各地的吃法也不尽相同，生吃、熟吃、腌制，也可泡糖醋吃。北方人喜欢生吃，曾记得上次去北京时听到卖萝卜的小贩在街头吆喝："萝卜赛梨辣不卖！"听得我一头雾水，不知所云，原来他们是在卖萝卜，买的人拿了萝卜，刷刷干净送嘴就吃，这让潮汕人感到意外。南方人喜欢熟着吃，蒸、煮、炒、焖、炖，突显各种厨艺，我印象中最好吃的还是那种用"菜头"蒸熟的"菜头粿"。

"菜头"其实是植物的根茎，蔬菜中的菜头有很多种，也不知谁给萝卜起"菜头"的名字，这个头衔却

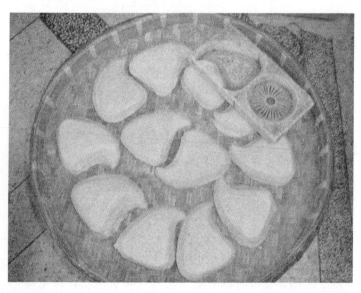

>>>

年节粿品　　　　　　　　　　　　　陈坤达　摄影

戴在萝卜身上，让它的身价突变。我想，应该也是取彩头的意思，潮汕人都希望过年有个好彩头，于是给它冠上这个好听的名字吧。

用萝卜做成的菜头粿备受潮汕人的青睐。逢年过节，各家各户都有做粿的习惯，根据不同时令做不同的粿品，蒸制菜头粿也是其中之一，它是潮汕人祭拜祖先的必备之品。

菜头粿即萝卜糕，但潮汕的菜头粿和外地的萝卜糕，在做法及风味上都有明显的差异。潮汕人可以把菜头粿做得精致、软绵、爽口，且色香味俱全。不单只用萝卜作为原料，还加上其他很多配材，如花生、芫荽、米浆、肉丁等。

记得小时候，每逢过节母亲都要做菜头粿，我则喜欢在旁边给母亲打下手。母亲很会挑菜头，她选好那些鲜嫩的、个头不大的萝卜，洗净后刨丝剁碎，就连那些流出来的菜汁，也一起倒入米浆中，一点也不浪费。母亲说，做粿时菜头的分量要比米浆大，这样更能突出菜头的鲜甜味。然后她就加上芹菜、蒜花、花生仁、胡椒粉等，搅拌后装盘，等大锅里的水滚开了就上蒸。母亲的做法挺有意思的，忙完这一趟，还要虔诚地点上清香；我负责烧火，边烧火边关注香的燃烧进度，看着香火闪烁的亮光，心中对美食的欲望也不断闪烁。大概燃完三炷香，菜头粿就熟了，原来母亲是靠这三炷香来掌握蒸粿时间。小孩子不懂，总觉得大人做事很神秘，以为真有神灵帮助；长辈们常用一句"人在做，天在看"来教育孩子，所以孩子都很听话，不敢胡来。

潮汕有句俗语："菜头粿，热单畔"，意思是菜头粿煎制时只煎一面就好。这句俗语有时也引申为那些恋爱中单相思的人，人家无情，你却有意。煎制出来的菜头粿，外皮酥脆，内里柔软，口感好。看着盘里油煎好的菜头粿，金黄黄，油汪汪，让人食欲大增，夹一块放进口里，那种萝卜的鲜甜和米浆的嫩滑，二者融合一起，在口腔和肠胃中流转，甭提有多舒爽，多满足！

常年漂泊在外的我，每逢节日，想起母亲做的菜头粿，心里头就涌起一种温暖的感觉。

从物质贫乏的年代到物质充裕的今天，萝卜仍是人们所钟爱的菜蔬。由萝卜制成的萝卜干一直是自古延伸至今的下饭菜。物质匮乏的年代，农村人喝粥，手里夹个萝卜干，就可以走东家串西家，不用筷子，嘴巴贴在碗沿来回一圈，咬一口萝卜，再来回一圈，一碗稀粥就喝完了，于是话题就说开了，关于庄稼，关于肥料，关于孩子，东家长西家短，谈尽天下奇观趣闻，邻里之情就在一拨一拨的笑声中荡漾开来。于是潮汕有一句俗语这样说"宁食开眉粥，莫食愁眉饭"。吃粥水若是开眉欢乐的，总好过深锁双眉的大鱼大肉，能做到这一点，也是一种生存的智慧。

生活富裕的今天，人们吃腻了各种山珍海味，口腔被太多的食物味道所轰炸，味蕾常处在半梦半醒之间，来一碗白粥配萝卜干，清新爽口，贴肠粘胃，吃后让人神清气爽，回味悠长。于是，无论夜宵排档、酒楼餐厅，还是早市白粥，白粥配萝卜干还是必备的。

以前在农村，家家户户都会制作萝卜干。人们总会挑一个艳阳高照的好日子，到地里收割萝卜，然后挖一个土坑，下面垫一层稻草，让萝卜晒干水分，然后垫一层萝卜放一层盐，一层一层叠好，再用一个竹篱笆围成一圈。第二天再把萝卜掏开晒太阳，十几天后，原来白白嫩嫩的萝卜变得干瘪黝黑，就像一个妙龄少女经过岁月的历练变成了满脸皱纹的老太太。阳光的熏陶，岁月的沉淀，萝卜干变得香味四溢，浓郁醇厚。

切成细碎的萝卜干加上鸡蛋一起煎，就成了有名的鸡蛋萝卜干，那是一道浓郁的家乡菜，配上黏稠的白粥，那就是黏稠的家的感觉。每次出差回来，我第一个想吃的就是家里的白粥和鸡蛋煎萝卜干。

萝卜可以预防疾病，萝卜中含有多种酶，能消除亚硝酸的致癌作用，其木质素能刺激机体的免疫力；萝卜中的芥子油辣味，可以刺激肠蠕动，消谷食，去痰癖，止咳嗽，解消渴，是中医的养阴之道。萝卜中含有大量的维生素 C，可以化痰。但萝卜味辛甘，性寒，脾胃虚寒者或体质虚弱者少吃，还有进补后也不宜食用萝卜。

萝卜有百搭百味的做法和吃法。干贝、沙蚕、鱿鱼等海鲜，放了萝卜熬汤，那是最美味的靓汤了。清炒萝卜丝也是下饭的清口爽胃的菜。

去腥除膻也是萝卜的一大功效,猪、羊、牛等肉做成的菜肴,无论红烧或者清炖,放了萝卜,感觉就不一样了,肉的膻味消除了,萝卜吸了肉的膻味却转化为浓浓的荤香,肉的腻和菜的淡化解了,两者相得益彰,味道美极了。

"冬吃萝卜夏吃姜"是潮汕人对食疗的理解和饮食习惯。萝卜还有一种独特的火锅吃法,一锅热乎乎的萝卜羊肉汤,是冬季暖身补体的靓汤。一家人围坐在一起慢慢品尝,看萝卜和羊肉在锅里翻滚,袅袅的香气升腾锅面,映衬着一张张通红的脸,一种幸福的感觉也伴随着萝卜的香味到处飘散。

啊,萝卜的味道,幸福的感觉!

(文/杜祝珩)

龙　眼　情

夏天一到，瓜果飘香，潮汕人在这个季节最开心的就是可以吃到很多瓜果，荔枝、龙眼、橙子、冬瓜、西瓜……让人大开眼界，大饱口福。当季节的瓜果，口感和甜质特别的好，营养价值也高。龙眼就在夏天的时候赶上热闹了。

有句童谣这样唱："知喳叫，荔枝熟，龙眼开花一仆绿。"这句童谣说明了龙眼成熟的季节比荔枝慢。吃过荔枝，龙眼才在它的后面姗姗而来，龙眼的成熟期通常是在每年的七八月份。每年到了这个时候，高大的龙眼树上，结满密密麻麻的龙眼，团团簇簇，挨挨挤挤，粒粒果肉饱满，液汁充溢，肉质鲜甜。这时候，每个人都可以敞开肚皮，享受美味了。

"龙眼"这个果名听起来也有点特别，"龙眼"是什么？这个名字可能让外地人觉得有点费解。从字面解释，是不是龙的眼睛？古书上"龙眼"一名也没有清楚的来源，民间却流传着一段有趣的传说。

相传古时有一条恶龙兴风作浪，摧田毁屋，为害一方。有一名英武少年名叫桂圆，决心为民除害。他只身与恶龙搏斗，用钢刀先刺出恶龙的左眼，在恶龙反扑时，又挖出其右眼，恶龙因流血过多而死，桂圆也因伤势过重去世。乡亲们将龙眼和桂圆埋在一起，第二年便长出两棵大树，树上结果，果核圆亮，极似龙眼。于是，称树为"龙眼树"，称果为"龙眼"，又名"桂圆"。

在南方的潮汕地区，龙眼俗称"桂圆"，它是我国南亚热带的名贵特产，也是闽粤地区有名的一种水果。历史上有南方"桂圆"北方"人参"之称。龙眼果实富含营养，自古以来深受人们的喜爱，更被视为珍贵的补品，其滋补功能显而易见。其肉甘温，滋补强壮；其核涩平，收敛止血；其叶淡平，解表。有壮阳益气、补血、补益心脾、养血安神、润肤美容等多种功效，可治疗贫血、心悸、失眠、健忘、神经衰弱及病后、产后身体虚弱等症。对于龙眼的营养价值，从《神农本草经》的记述中看出古人的认识。原书上写道："久服强魂，聪明，轻身不老，通神明。"

从汉代起人们就经常将龙眼、荔枝两种水果并称。其中缘由包括这两种水果的产区非常一致。早在北宋的时候，《图经本草》的作者苏颂就注意到："出荔枝处，皆有之。"另外，这两种果树的树形和树叶都非常相似。一般而言，荔枝成熟比龙眼早，而且果实比龙眼大，因此，龙眼有"亚荔枝"、"荔枝奴"的别名。

龙眼虽然与荔枝齐名，但无论从外观、肉质还是营养价值，都却有很大的差异。龙眼虽不如荔枝那样味美多汁，但它所具有的滋补功能历来为人们所称道。经常用作制果干和果膏，作为滋补之用。

龙眼的外表也没有荔枝"红艳似火"的壮观，也没有"一骑红尘妃子笑"的华丽诗句。它黄褐色的外皮毫不起眼，但果肉却是晶莹透亮，甘甜滋润，营养价值高，让人吃后每每都会记起它。它质朴内敛，实在不浮夸，虽其貌不扬，却也给人一种很好的印象。也许是潮汕地区优质水土滋养了它们的品质，成就了它们的特性。

龙眼总让我想起一个人，他就是我高中时候的陈老师。陈老师十年如一日照顾病中的妻子，不离不弃，在师生中传为佳话。记得那个荷花飘香的夏季，我们这群已不再年轻的学生，提着刚上市的龙眼，相约去看他老人家。当时他正准备给爱人洗脚，忙得没有时间招呼我们。

只见他肩上搭着一条毛巾，手里提着一桶热水，放下水桶后还不忘把手放进水里测试温度，"水温合适吗？"轻柔的声音从他的嘴里荡涤而出，如天籁般散落，女人脸上的皱纹也随着天籁般的声音舒展开来，顷刻间笑容如菊花般绽放，在朦胧的水雾中，在橘黄的灯光下，氤氲成一个感人的场景。

我静静地感受着这份人间温情，把视线转到别处，桌子上的龙眼个个浑圆饱满，质朴无华，老师对师娘的这份爱，也像这龙眼，不管外表多么干涩粗糙，颜色多么不起眼，但里面的果实总是晶莹透亮，滋润甘甜。"一日夫妻百日恩"，用老师的话来说，几十年的夫妻关系，已把双方的爱情转化为亲情，这些已经潜移默化到彼此的生命里。"糟糠之妻不可弃"，这是传统的美德，这是闪光的人格，生长在这里的人就有着这样秉禀性。

方圆一万多平方公里的潮汕大地，人口一千多万，密集度却是全省的三倍，生长在这个区域的潮汕人，水土赋予了他们优良的秉性，也成就了潮汕男人独特的魅力；就像龙眼一样，普通的外表却包裹着一颗闪光的心，金子般的情怀隐藏在一片不起眼的褐色里。

（文/杜祝珩）

淳朴的乌榄，淳朴的情怀

去过苏州园林的人都知道，苏州园林的美景让人流连忘返，园林里处处是美景，处处有惊喜，园区里的每一处景观都给人一种意想不到的视觉冲击。那些大规模的假山园景，亭台楼阁，曲径回廊，就连一棵藤萝，一株湘妃竹，一个小亭子都是一幅美丽的画，整个园区布局还有一种大园套小园，小园藏佳景的独特风格。

我去过苏州园林，于是我把那种大园套小园的美景比喻成我们的潮汕乌榄，那种感受就像我们吃乌榄，吃了外层的榄肉，剩下一个两头尖尖的果核，敲开小核儿，里面还有一个香喷喷的果仁，让人惊讶，令人回味。

这里说到的乌榄，个头跟大拇指差不多，浑身上下黑乎乎的，一点都不引人注目。乌榄虽同属橄榄科，却跟橄榄的树种迥然不同。橄榄的外表翠绿可爱，光鲜亮丽，乌榄却黑乎乎的，毫不起眼。两者的价格更有天壤之别，橄榄一斤可以卖几十元、几百元，好的品种如三棱橄榄一斤可以卖到几千元，乌榄却不同，一斤是几元到十几元。如果把橄榄比作金枝玉叶的公主，乌榄最多是公主旁边的丫鬟。但它淳朴、实在。

每到夏末秋初，就迎来了乌榄成熟的季节。橄榄林里到处弥漫着一种淡淡的幽香，林子里阴爽凉快，枝繁叶茂的橄榄树，一棵连着一棵，就像一把把绿伞，撑起了林地的整片天空；阳光透过树叶的缝隙漏下来，变成斑驳陆离的光圈，梦幻般洒落在地面；那些油亮的乌榄挂满枝头，在光影中仿佛一串串晶莹的黑蓝宝石，若明若暗，摇摇曳曳透射出诱人的亮光。

这乌溜溜的果子，却是潮汕人所钟爱的果类。橄榄可以生吃，乌榄却不行，它只能用盐水来腌制才可以吃。腌制后的乌榄，有一种清新的盐水味道，装在一个小小的玻璃瓶里，虽然毫不起眼，但却是潮汕人早上吃粥的好佐料。

生活在物质匮乏的年代，孩童时候的我们，对于乌榄核也会视为珍宝，哪家今天吃乌榄了，乌榄核给了邻居的孩子们，孩子们也会乐颠颠地用手捧着，唤上几个好友，找个地方，用小石头敲开榄核，把里面的小核仁分着吃，于是大家呼喊着，尖叫着。那种快乐和香味是我们的童年时所向往的幸福。

现在的食物中，也有一些糕点里加了乌榄仁，我就不知道精明的厂家是怎样获取这些乌榄仁的，怎样加工成这么香味浓郁的糕点。每当我吃到这种糕点时，总会惊喜一阵子，似乎又重温到了童年的味道与欢乐。

这独特的乌榄味道，唤醒了现代人的味觉，更会勾起他们对乡土的眷恋之情。就如我的先生经常要出差，他每次出门，都喜欢带上一瓶小小的乌榄，他说吃腻太多了，得有这个味道才能熨帖肠胃，这是他的个人理论吧。

心灵手巧的潮汕人也能把这黑乎乎的乌榄做出美食来。香喷喷的蒜蓉炒榄肉，就是很多潮汕人喜欢的佐菜；榄仁炒肉丁，还是岭南增城的名菜呢，很多外国人吃后都念念不忘；乌榄炖瘦肉，味道也是独一无二的，听说还有很好的药用价值，它对肋骨神经痛有很好的疗效。

更让人意想不到的是，小小的乌榄核竟可以畅销全世界，这要归功于那些著名的雕刻师，他们可以在榄核上雕刻。飞鸟走兽，人物风景，都能雕刻成线条流畅，栩栩如生的画卷。这种雕刻是我国民间工艺一朵瑰丽的奇葩。清末榄雕名家湛菊生的《赤壁游舫》，就是杰出的代表作。一个小小的榄核，不但可以雕出结构复杂，图案精致的船舫和栩栩如生、神态各异的六个人物，而且在船底还刻有537个字的《前赤壁赋》，其鬼斧神工的雕刻手法至今仍令人惊叹不已。过去漂洋过海的人，都喜欢把榄雕佛爷或观音戴在脖子上。出门在外的人还喜欢戴上用榄核雕刻的艺术品，据说他们闻到榄香就永远不会忘记故乡了。

我相信，故乡是每个人心灵深处的港湾，即使没有榄香，即使没能闻到乡音，对故乡的眷恋之情也是他们心里头最淳朴的情怀。

（文/杜祝珩）

生命的绿茵：青草药

在潮汕，喝"青草水"是一道独特的生活景观。每到夏季，沿街满是叫卖青草（瞧，潮汕人给草药起了一个多么好听的名字，把人和大自然一下子拉近了）的药农、小贩，他们把各种时令草药在街边铺排开来：白花蛇舌草、茅根、水芦根、茶时洪、独脚莲、水莲叶……琳琅满目，苍翠可人。这些来自山川野谷的菁华，欢快地驱走了都市的单调和烦躁，给行色匆匆的人们带来清新和畅爽。而每家每户，几乎天天买来几式青草，熬一大锅，大人小孩，喝个一两碗。

这个生活程式，我的母亲尤其重视。她始终这样认为：炎热的夏季，暑湿难当，青草水必不可少。她所用的青草，全是亲自上山采撷的，她说街上卖的是人工种养的，药效差；山里头野生土长的，药效最好。母亲出身贫寒，十二岁起就上山打柴，向大山讨口饭吃。她认识一百多种草药，我们兄弟小时候每逢感冒发热，疗疮肿毒，都是母亲采来几样草药，或煎汤喝下，或捣烂热敷，竟奇迹般地好了。母亲还用二十几味青草药，捣成糊状，和入米酒，对跌打损伤疗效甚著，老远的人都跑来索取。

我从八岁起便时常随母亲上山打柴草。每次，母亲都会顺带采集各式各样的草药，让我用山涧的清泉洗净，打捆背下山来，除了自用，大部分卖给青草药店，换几块钱帮补家用。由此，我认识许多草药。在杂树生花、绿草如茵的山野找寻、采撷草药，本身就充满乐趣，所以我童年的美好记忆，是与这些绿色可人的花草联结在一起的。

及至成长，我对草药的感情丝毫没有淡薄，反之，认识更是从感性上升到理性。我隐隐感到，一方水土养一方人，同是大自然之子，人与草木之间肯定存在着尚待破译的生命秘笈。

端起一碗青草水，就是涵纳一片云水情怀。这些草药，我们与古人共享：神农氏尝过，孔夫子服过，华佗采撷过，葛洪煎熬过，李时珍咀嚼过。这些草药，受天地之正气，吸日月之精华，集山川之灵韵，涵雨露之化毓。现在，它们结束了远离尘世的隐居岁月，进入病体，进入痛苦的人生，超度我们沉沦的肉体和灵魂。用不可抗拒的气势，源源进入我们的血脉，渗入我们不见天日的内脏；它们洗去我们肺腑的浑浊，冲刷我们胆囊的寒弱，涤荡我们脾脏的燥火，疏通我们经络的郁结，以便我们能更和谐地呼应大地和宇宙的生命潮汐，让每一个穴位、每一个骨节、每一滴血液都敲响清朗的钟声……于是，天地正气又重回到我们的身体和心魂，痛苦也就通过这束青草转移给了苍茫大地和亘古千秋。

草药是原始的，也是最本质的。看似仅是运药祛病，实则包含着古代智者对生命现象的直觉经验。也许从这一点出发，我们可以窥探到潮汕人以至东方人的人文底蕴。

我的大舅父——一位小有名气的土偏方草药郎中曾讲过一个故事：清朝初年，有几百个凤阳人为避战乱到我们潮汕客居，大概住了十多年，有一日突然辞行，村民问其故，凤阳人说："近日发现山里突然长出一种草，这种草是专治瘟疫的，可能这里不久会流行那种病。"凤阳人走后不到一年，该地果然瘟疫流行，也恰是用这种草药治愈的，真是神奇。我大舅父由此总结道："世间阴阳相合，万物调和，既有相生又相克，有什么病，就一定有什么药来对付，问题是我们懂得的太少了。"

我的母亲向我传授过不少草药医理，但愚钝的我不是学医的料，竟大多忘记了，只记着零星半点：

"支撑人活着的，就是阴阳气血，好像椅子的四只脚，哪只脚短了，椅子就不稳，就要垫高哪只脚。用药就是这个道理。"

这，就是内涵丰富的潮汕草药学理论，它寄寓了几千年来我们的先辈对大自然的理解和认识：出发点和终极点都在于天人合一。

在我们东方哲学中，人与自然，本身就是一个整体，有着千丝万缕的内在关联（尽管我们现在还知之甚少）。大自然正源源不绝地滋润着我们的百脉四肢。百草都是药，万物都是药，我们依靠大自然保持着阴阳气血的平衡和顺畅。

通过草药，我们铺设了与大自然沟通的桥梁。

（文/陈坤达）

三、草根部落菜根香

>>>

生活在底层的平民百姓，对于菜肴的感受或许受制于生活的窘迫，不大可能吃到名贵的菜肴，但他们的味觉却是这个族群最本质的体验。我们要考察一个地方的口味习惯，应该面向普罗大众的锅碗鼎釜，而不是贵族阶层的钟鸣鼎食。不要忘记，平民百姓年复一年腌制的咸菜、菜脯、咸鱼、咸薄壳、橄榄菜如何地让我们梦牵魂萦。从艰难困苦中走过来的我，对此有深刻的体验。在那个三餐难饱的年代，几乎能吃到肚子里的都是美味！我们的祖辈、父辈是这样一路走来，不经意间为这个族群留下可以直接回到远古的本味。

　　本章主要写潮汕普通人家的日常生活。

最潮味：咸菜

如果有人问我，什么菜最能代表潮汕菜，我会毫不犹豫地说：咸菜。

不管你赞不赞同我的意见，总得承认，咸菜已是潮汕人家常饭桌上或高档酒席上不可或缺之物，它既可以作为饭前小菜，以增进食欲，又可以作为主料烹出多种适口佳珍，同时又是送糜（稀饭）的首选杂咸。食法虽多种多样，但那香酥、酸脆、甜嫩的口感，却获得了人们一致的赞赏。俗语说"众口难调"，但我敢说，在潮汕，没有一个人不喜欢咸菜的，就连来潮汕的外地人，对很多食物口味不服，但对咸菜却能无条件接受。这不是个奇迹吗？

而使我对咸菜产生更深刻印象的则是由于我那侨居新加坡的舅父，他每次回乡，总是一句老话："乜个都勿（什么都不用），食白糜配咸菜就好。"而每当咸菜端上饭桌，平日温文尔雅的舅父竟顾不得风度，对着咸菜大嚼而特嚼，一个人全包了。就我接触而言，在海外潮汕人中，舅父并非特别，他们嗜好咸菜的举

>>>

咸菜　　　　　　　　　　　　　　　　　　陈坤达　摄影

止常常使我感到惊讶。

其实咸菜是一种非常低廉的农家菜，在农村家家都能腌制。我小时就经常帮母亲"擼"（读"陋"，腌渍的意思）酸咸菜。

咸菜的用料是新鲜的芥菜（潮名大菜）。《礼记》载："脍，春用芥。"可见其历史悠久，它是随历史上人口大迁徙而从中原南移来的一种菜蔬。每当霜风初起，在冷冷的露光中，它绿中泛紫的裙叶，呈宝石般的光泽。这时，母亲就会指挥我们到地里把大菜整株斫来，堆在院子里，去掉残瓣外叶，在融融的冬日下晒上一两天，然后用盐搓揉得稍软，一层层放入一个大圆木桶（我们称为咸菜桶，我十岁时和它同样高），每层均撒上白花花的食盐，最上面一层多撒点，再搬来几块光滑的大鹅蛋石压上去。十二天后，一桶可口的酸咸菜就告完成。我母亲说，试新咸菜要有一个古俗的仪式：就是先熬一大锅热腾腾的新米糜，然后选择新咸菜的包心嫩瓣，切成块状，盛上碟子，全家一齐来吃。每到这时，她照例会扯开嗓子喊我们："来食新米糜配新咸菜……"

橙黄晶莹的咸菜瓣很是撩人，未吃口水已出，入口爽脆异常，奇香浓郁。不一会工夫，大锅糜见底了，我三哥说他吃了五碗，我没有数，只记着咸菜的酸脆爽口。

这大桶咸菜基本上就是我们一年的佐餐之物了。只要抓取时手干，不带进生水整年就不会变质。如桶面出现白色霉点不要紧，用手在桶里抓揽几下即可。

在乡下，咸菜基本都是"自产自销"，本没有人拿出来卖。曾几何时，城里人吃腻了鱼肉荤腥，对咸菜情有独钟，于是咸菜毫无愧色地摆上了超市，走上了酒宴，经过巧厨的妙手，竟可用以调配一百多个菜色。"咸菜贵过鱼肉"不再使人惊奇了。

精明的商家瞄准海外潮汕人喜欢家乡咸菜的心理，大规模作坊生产，在包装和保鲜上下工夫，远销东南亚潮汕人聚居的地方，很受欢迎。但我舅父却说好是好，但怎么都吃不到我母亲那自腌大桶咸菜的独有风味。事实上，达埠的咸菜确实远近闻名。

人的口味习惯，无不深深打上乡土的印记，它折射着亲情，濡渍着传统。大桶咸菜和市场上作为商品出售的咸菜，区别在于：一个用钱可买，另一个只有用心去体味啊。

这样说来，咸菜简直是潮汕人一种文化精神的载体了！

作为一种古老的文化和民俗传承，潮汕菜好比典雅古老的潮乐，虽没有黄钟大吕的雄浑壮阔，但其独特的清远和曼妙，已融化在潮汕人的心灵深处，每当宁静舒缓的乐韵轻轻响起，浓浓的乡情便激越而至。同样，世间纵有千馔百馐、山珍海味，咸菜那撩人情思的乡土韵味是不可代替的，它能让每一个潮汕人咀嚼一生、牵萦一生。

（文/陈坤达）

菜脯，穷人的本味

菜脯就是萝卜晒干腌制而成的，是潮汕特产，著名的普通农家菜，和咸菜齐名。萝卜为十字花科草本植物莱菔子的块根。我国各地普遍栽培。李时珍《本草纲目》详述了萝卜的块根、茎叶、花、籽有多种药用价值。仅萝卜块根所列各种处方便有 23 笺，还指出萝卜"乃蔬菜中最有益者"。萝卜为冬季采挖，去掉茎叶，洗净食用。萝卜味辛、甘，性凉。现代药理化验，从萝卜中查出多种药成分，如香豆酸、甲硫醇、莱菔甙、淀粉分解酶和木质素等，有清热化痰、解毒生津、和中消滞，可治疗气胀食滞、咳嗽痰多、百日咳、扁桃体炎等，与青橄榄、干鲍鱼、甘蔗汁、鲜藕、蜂蜜、酸梅、粳米、豆腐、麻黄、杏仁、羊肉、鲫鱼等分别制成药膳，可治疗流行性感冒、糖尿病、扁桃体炎、胃出血、急慢性支气管炎、腹胀积滞、咳喘痰多、喘息型支气管炎、虚劳羸瘦等疾病。

萝卜经过腌制可制成潮汕菜脯。在萝卜腌制成菜脯过程中，历经盐渍、发酵、压榨及暴晒等工艺，虽

>>>

高合菜   陈坤达　摄影

损失了部分营养及药效成分，但有些成分却因浓缩而功效更强。如淀粉分解酶因免受煮煎加热的破坏，保存其活性，消食之功更显；鲜萝卜中所含甲硫醇经发酵分解为芳香物质，增加菜脯风味；萝卜中的木质素，压缩后在单位体积内含量相对增加，能提高体内巨噬细胞功能，有益身体。

在潮汕，腌制菜脯是潮汕女人居家的拿手好菜，人人的"必杀技"。潮汕所产菜脯肉质油润脆嫩，纤维少，味道香，历来远销香港、东南亚和广东省内外各地。

菜脯中有一类潮汕人称为老菜脯的，即是珍藏多年的菜脯，是菜脯中的佳品，闻之有香气，色泽乌亮鲜艳，有油色。

菜脯有的香气浓，有的无香气无光泽，这和制作菜脯过程中有没有碰到连续晴天得到太阳暴晒大有关系，没晒到太阳菜脯便会无香气无光泽，至于有的冇心菜脯（即花心菜头晒成的菜脯）反而不一定差，将其切成片煮鲶鱼汤还是很香的。

（文/陈汉初）

牛肉丸，化不开的情结

一提起潮汕牛肉丸，相信很多人都会和我一样，有特别的亲切感，特别是那些出门在外的人，一回到潮汕，都会到老市区小摊档找吃的。在一家小摊档前，对着店家手一挥："老板，来一碗牛肉粿条汤。"于是，坐在小凳上，对着那油亮的小桌子不停地擦擦，等候那热气腾腾、奇香扑鼻的粿条汤。

一勺下肚，所有的味蕾和器官都兴奋起来，吃性紧的人，都会迫不及待低头享受那美食，"呼啦呼啦"的吸食声，让旁边的人也似乎享受到这地道的潮汕美味；喝完最后一口汤，整个人得到前所未有的满足，然后摸着肚皮，打着饱嗝，剔着牙缓缓悠悠地走开了。

记得读大学第一年，放暑假那天，我匆匆忙忙收拾行李，几个钟头的车程颠簸，一点也不觉得累，所有的期待和兴奋都压住了路程的疲惫。到了车站下车，提着大包小包，归心似箭，穿过池塘小径，掠过榕荫，绕过小院，踏进家门。等候多时的父亲，看到风尘仆仆的我，眉宇间也舒展着笑容，桌子上已摆好母亲做的饭菜。父亲知道我的心思，丢给我一个眼神，父女俩会心一笑，他也不管母亲的阻挠，拿起家里那绿色的浅口壶，然后乐颠颠地骑自行车到村头巷口去买牛肉粿条汤。两块钱的一碗粿条汤，上面浮着三颗牛肉丸，晃晃荡荡，诱惑着一张贪吃的嘴脸。我迫不及待地夹一个入口，一咬，香香脆脆，油汁横溢，牛肉特有的浓香充斥整个口腔，舒爽极了！

幸福的感觉就在父亲慈爱的微笑里，在这香油油的汤水中。

不管时空有多远，距离有多长，家的味道，家的温情，永远是每个人心头最美最甜蜜的挂念！

一直以来，我对牛肉丸情有独钟，长大后也念念不忘，童年、少年、青年一直追寻着，不管到了哪里，每次吃它，都有一种特别的亲切感，特别的味道。

潮汕牛肉丸是一道有名的小吃，独特的做法成就了它的品牌。潮汕牛肉丸的做法跟很多地方的牛肉丸不同，独到之处让很多外地人惊讶。

我曾经看过捶打牛肉丸的壮观场面。那一排整齐的大砧板，一大片红嫩嫩的牛肉，年轻的小伙子，抢起棍子捶打，那充满力量的捶起捶落，捶打的节奏错落有致，声音浑厚雄壮，让人以为是在看一场精彩的绝技表演。

那次采访，我了解到整个牛肉丸的制作过程，从捶打、搅拌、拍打到挤丸都有非常讲究的做法。制作时先要把新鲜的牛肉去筋后切成大片的肉，不能切碎的，目的是保持肉的纹路，再用一种专门的不锈钢锤刀用力不停地捶打，一直捶到牛肉变成肉酱为止。

捶好的肉酱放进一个不锈钢的大盆里，加上精盐、生粉、味精，搅拌均匀后还要不断地拍打，直到肉酱抓起来后不会下掉为止。这就是牛肉丸有嚼头有韧道的原因。

最后就是挤丸了。纯手工的制作，吃起来更有味道。只见师傅们抓一把肉酱在手心，紧握拳头，把肉酱从拇指和手指的缝隙里挤出来，再用羹匙把肉丸一个个挖走放进温水盆里定型，一粒粒的牛肉丸就不会软黏黏的。师傅们挤一个挖一个，很快盆子里就挤得满满的，速度快得令人目不暇接，享受口味的同时也是享受一场生动有趣的绝活表演。

我不知道别的丸类是否如此制作，牛肉丸的制作我是全过程做了跟踪，它独特的味道跟制作过程有很大的关系。这也许正是潮汕牛肉丸出名的原因吧。

潮汕牛肉丸不但本地人对它情有独钟，很多外地朋友也经常慕名而来，它已经是名声远扬了。上次我要出差，问外地的朋友需要带什么特产过去，他毫不思索地对我说三个字：牛肉丸。

常吃牛肉丸对身体也有好处。书上说牛肉有补中益气，滋养脾胃，强健筋骨，化痰息风，止渴止涎之功效，适宜于中气下隐、气短体虚、筋骨酸软、贫血久病及面黄目眩之人食用。想必我年少的强壮身体也跟牛肉有关吧？想找那个常为我买牛肉丸的人问问，可他已经驾鹤西去，再也吃不到他为我买的牛肉丸了，再也看不到那张慈祥的笑脸了……

嘴馋了，想吃时只好自己去买。现在是十块钱一碗的粿条汤，比当年贵了几倍，似乎也不是当年的味道，想着想着，有一种咸咸的东西自眼中溢出，滴落在汤碗里，混着汤水一起喝下去……

（文/杜祝珩）

会舞蹈的"面猴"

潮汕有一种很不起眼的小吃叫"面猴"，外地人听起来可能觉得有点莫名其妙。什么是面猴，究竟什么样？

潮汕的面猴，有点像北方人吃的面疙瘩。面猴的来由跟猴子有关系。一说起猴子，就会让人联想起猴子那凹凸不平的面孔。潮汕人喜欢把调皮捣蛋的孩子叫做"猴子"，把那些带头捣蛋的孩子就称为"猴头"。而面猴的真实面目就是随意捏出来的面片，大小不规则，表面凹凸不平。面猴的来由大概就是这样吧。这也是潮汕人质朴和幽默的一种表现。

记起小时候母亲讲过的笑话，虽然说的是汤圆的故事，也跟面猴有着千丝万缕的关系。笑话讲的是一个媳妇夜里肚子饿了，婆婆去看戏未回，她就偷偷起来做汤圆吃，她把汤圆一粒粒扔进沸腾的汤水里，熟的汤圆就浮上汤面，她就浮一粒吃一粒，结果因为汤圆太烫，为了减退热气，她不停地用手扇着，汤圆也在嘴里不停地转来转去，她的表情也随着汤圆千变万

>>>

各式小吃 陈坤达 摄影

化，刚好这个场景被早回的婆婆看见了，暗地里捂嘴笑了。第二天，媳妇问婆婆昨晚看的什么戏，婆婆就调侃说："昨夜去看独调戏，粒浮粒试，脚颠手也扇。"说得媳妇红着脸不好意思地低下头。

想象媳妇在偷吃汤圆时又急又烫的样子，不单是面部表情千变万化，想必还是手舞足蹈，想偷吃又怕被婆婆知道的心情而引发的一系列急躁表现，滑稽的场景让人捧腹大笑。

以前在家里，母亲做面猴时就经常讲这个故事，虽然讲了好多次，但每次都让我听得津津有味。我也喜欢在炉灶前看母亲做面猴汤，感受那温馨的场景。

母亲先把面粉倒进一个不锈钢的盆子里，加上少量的水，然后就开始搓面，她使劲地搓，用力揉，一直搓到面不粘手，也不粘盆壁才算完成，母亲力气很大，搓出来的面非常有韧性，这时候面团的韧性可以让我们这些小孩子当炸弹甩玩了。搓好的面团还要让它醒一会儿，当锅里的汤水沸腾了，母亲就叫我们把手洗干净一起来捻面猴，于是兄弟姐妹四个人就围在炉灶边，说说笑笑，一边捏面猴，一边玩耍。

大大小小，凹凹凸凸，奇形怪状，母亲笑着接纳我们的劳动成果。我则踮起脚跟看面猴在汤水里舞蹈，一片一片相互挤压，上下沉浮翻转，跟着冒泡的汤水左旋右转。香香的雾气升腾着，红红的火炉映衬着，孩子们的笑闹声随着锅盆的轻扣声也变得激越美妙，家的温馨在孩子们的欢声笑语中回旋、荡漾……

面猴熟了，加上葱花，味精和盐，虽然没有什么好的配料，也能让孩子们饱餐一顿。窗外呼呼的寒风，室内暖暖的炉灶，热热的面猴汤满足了孩子们的胃，看着孩子们一个个吃饱后摸着滚圆滚圆的肚子打饱嗝，母亲的脸上也绽开灿烂的笑容，毕竟那时候还是很多人吃不饱的年代，母亲的勤劳和贤惠，解决了我们的温饱，把我们童年的生活填充得五彩斑斓。

有母亲在的地方，就是家的地方！

现在，我对面猴汤还是情有独钟，经常做面猴吃，也教会孩子做面猴汤，其实也是把一份爱延续给后代。有时候家里来客人，我也会拿出我的招牌菜让客人开开眼界，简朴的待客之道也拉近了心与心的距离，浓浓的友情也融合在一片一片会舞蹈的面猴里。

随着人们生活水平的提高，现在的面猴已经是今非昔比了。做法五花八门，品种也五彩斑斓。可以用菠菜汁做成的面猴，也可以用韭菜来做，用红萝卜汁做起来的面猴更让人赏心悦目，胃口大增，还可以在汤里加上花甲，当季节的丝瓜，用鸡汤做底。一锅汤水里红绿相映衬，色香味俱全，那汤水的美味，闭着眼都能感受得到，怎不让人垂涎三尺呢？

巧妇总是变着花样做出各种的菜式供家人享受，

简简单单的面猴汤，笨拙质朴的表面，也蕴含着主妇对家人的浓浓情意，会舞蹈的面猴让家更温馨！聪明的女人用巧手创造出一个温馨的家，有家有爱有温情，那是男人理想中的家园。

（文/杜祝珩）

老街深处蚝烙香

一条不起眼的小巷，一个普通的名字，普通得如一粒飘浮在空中的尘埃，岁月的沧桑写在老街的墙壁上，如一位饱经风霜的老人在看人世间的风云变幻。

走进黏糊暗淡的小巷，电线搭来拉去，杂乱无章，遮风帆布盖住了唯一看得着的天空，各家阳台的衣服飘飘扬扬，墙角堆放的日常用品，让本来狭小的巷子更显逼仄。生活在这里的人们，会是什么样的面貌？好奇心驱使我往里探幽。

一片片剥落的墙体，一扇扇紧闭的门户，铁窗上的栏杆锈迹斑斑，窗棂的雕花依稀可见。相信这里的每一扇门都有故事，每一扇窗都曾精彩。

曾经的岁月都已远去，曾经的故事已被封存，所有的一切沉沦于时光中，消失在岁月里。如果这些不以某种形式给予保留，相信这些历史都会被湮没，故事被遗弃，所有在这里发生的一切都会被时代的大手连根拔起，就像这周围无数古老的小巷，古老的物件以及曾经让人流连的味道。

>>>

炸油粿 陈坤达 摄影

一阵阵葱花蛋香扑鼻而来，真个身心不由自主被其牵引。是蚝烙！老市区的味道，藏在陈旧破落的巷子里。

老市区的西天巷，很多人都因"蚝烙"慕名而来。

"蚝烙"，外地人听起来可能觉得陌生。它是由一种海里的牡蛎煎制而成。"蚝烙"实际即是"蚝煎"，因为潮州的"烙"，实际即是潮汕菜烹调方法中的"煎"。潮汕人对这种特色小吃都是耳熟能详的。

"蚝烙"这款传统的潮汕小食，有着十分悠久的历史，在清代末年，潮州城镇各地，制作"蚝烙"的小食摊已经十分普遍。其中最有名的，应该是民国初年，位于潮州府城开元寺古井西北的泰裕盛老店。这一小食铺，专门经营"蚝烙"，制作的"蚝烙"特别好吃。因为泰裕盛老店，在选料上十分严格，专门选取潮汕饶平洪洲出产的珠蚝，采用优质雪粉，甚至连猪油都要用本地猪的鬃头肉煎出来的猪油，制作的每一个步骤都十分考究，这样煎制出来的"蚝烙"，具有特别鲜美的蚝香味。

作为潮汕人，能有幸品尝久负盛名的传统民间小食，实在是一件很幸福的事。近海的人才能享受这款美食的乐趣，远离海边的人，只能通过文字的描述去感受这款美食的风味了。

眼前煎制蚝烙的是一位老太太，却一点也看不出老态龙钟的样子。只见她双手提铲，站在红红的炉火前煎制蚝烙，她专注的神情，娴熟的动作，让人简直是欣赏到美食栏目中的精彩镜头。一摊摊白色的珠蚝粉水，在滚烫的火炉上，在她的精心伺弄下，煎成圆饼形，淋上蛋浆，用锅铲切成四角，从锅边再注入朥（猪油），翻来翻去继续烧煎，直至双面变为金黄色，铲起装盘，一盘金灿灿的蚝烙，一道风味独特的美味佳肴就摆在面前。白玉衬金黄，翠绿缀其间，惹得人眼睛发亮光，诱得行人闻香驻足。

蘸上鱼露，那鲜甜的美味就更彰显突出。夹一块入口，口感十分鲜美，酥而不硬，脆而不软，珠蚝的甜腥味和鲜蛋的香酥味糅为一体，外脆内软，随着牙齿的嚼动，挑拨舌尖味蕾，浓香顿时充溢整个口腔，一阵前所未有的满足感穿透腔肠，享受美食的乐趣尽在不言中。

闲聊中得知，她已是一位七十多岁高龄的老人，更令我惊讶的是，她的皮肤特别白嫩。细心端详她的脸，找不到一点老人斑的痕迹，还有刚才看她煎制蚝烙时的利索动作，根本不像有一大把年纪的老太太。

我向她咨询美容的秘密，她乐呵呵地说，我们要做质量好的蚝烙，要用上等的猪油，新鲜的珠蚝，用当季的番粉来制作，几十年的猪油渗透皮肤，皮肤就变白变光滑了。

多么趣味的理论！老人一边忙碌着手头的活儿，一边若有所思地对我说，做人要做好人，不能欺骗别人，欺骗别人，最终也欺骗自己。她的淳朴与善良，她的豁达与开朗，也许是她最好的美容秘诀。

她每天都在西天巷煎制蚝烙，一煎就是四十多年，在这暗淡寂寂的地方，守住本营，守住味道，一待就是大半辈子，这是一个普通人不普通的人生；嘈杂的环境，暗淡的小巷，她的内心却布满阳光，这是一种生存的智慧。我对这位老人的敬意油然而生。

　　难怪很多出门在外的人，一回到汕头，就要去老市区找小吃，他们找的是一种味道，一种记忆，一种甜蜜，心中一直潜藏着那份浓得化不开的家乡情结。

　　临走前，我们提出与她合影留念，她也很乐意配合，笑呵呵地靠近我们。暗淡的背景衬出一张张充满活力的容颜，不知名的绿色藤蔓挂在墙头，像瀑布一样飞泻而下，焕发出生命的朝气。

　　所有的生命，都会在合适的时机，以自身独特的魅力展示出她最美的姿态！我突然觉得，如果把这些美好的画面画下来，会是一幅多么生动的写生画。蚝烙是，老太太更是！

（文／杜祝珩）

远去的古镇市声

在感觉中，古镇似乎离我们非常遥远，很多东西，仅仅留存在记忆中。其实也就是少年时代的事，为什么会这样觉得呢？固然一些古旧的建筑和景观随着城市建设的发展，渐渐在我们的视野中淡出，增加了我们怀旧的怅然，但这显然并不是主要的。一个傍晚饭后，漫步在宽阔的商业街，小汽车、摩托车呼啸而过，扬起一团烟尘；灯火闪烁的商铺，传来流行歌曲的吼叫和"跳楼价"的吆喝，猛然醒悟，是的，往日古镇那充满传统风情的市声已离我们而远去，才让我们恍若隔世，"今夕何夕"了?! 以前，食的、玩的、用的，什么都上街，叫卖声五花八门，应有尽有。坐在自家门口，看着这些贩夫走卒鱼贯而过，煞是有趣。早上，叫卖豆腐脑的"豆花哟——"；悠长清脆的女声刚落，又有收杂货的刚猛男高音："鸡毛猪骨银纸灰、旧报纸、空酒樽——"；那边厢又传来少年郎脆青青的童音:"草粿哦——"；日头稍旱，又有新的行当上街——挑着木工工具的汉子正招揽生意： "围桶修理床椅

——"；提手提袋被人误认为出公差的"药木虱"，穿家入户。卖糖仔的、卖雪条的、磨铰刀的、卖筐头篮裹的，走马灯般络绎不绝。一声清亮的玉石交击之声传来，人们知道是红毛叔来收购玉器了："玉碧玉片来买！"听到"补炉窗呃！"的叫喊就知道专门修理炉灶的喜欢开玩笑的"老徐伯"来了，赶紧拉他撂下担子，讲几个笑话。

最动听的莫过于小点心的叫卖："三味橄榄、有食有杀（不要误会，这是又想要的意思）"、"糖葱薄饼"、"肚脐螺鸡屎丕"。他们的叫卖，有时编成顺口溜，声声入耳。孩子们的口水早已在嘴里打转了，总会赖着父母要一两分钱去买这酸酸甜甜的东西。

如果父母没有零钱，也有办法。一些收废铜烂铁的小贩在担子中备有一块像圆盘一样的麦芽糖，上面盖一层布，可以用家中的废物交换。当他手中叮当敲响，家里的牙膏壳、旧锁头、破锅就遭了殃，早被孩子们偷偷拿出来，递到收废品阿叔跟前，望着阿叔慢条斯理地在又香又软的糖块上敲下一小点，孩子们早已迫不及待地一把抓过来塞进嘴里，而这时，母亲的骂声还没有停歇。

不过，也不是听有沿街叫卖的市声都给孩子们带来欢乐，有的甚至会使他们怕怕的。有个不管晴天下雨都穿着蓑衣、头戴竹帽卖膏药的老头，"砰、砰、砰"敲着一个旧皮鼓走街过巷，用很难听的"外江"话音唱："消瘤消疬、无名肿毒"。他面色阴寒，打扮

>>>

糖葱 陈坤达 摄影

古怪，担子中赫然摆放着祖上的家神牌，话又难听，孩子们自然怕他。孩子们调皮哭闹时，母亲喝一声："再闹，把你卖给家神牌！"哭声叫声就马上停止。

达濠古镇旧时有一句口头语："热过市亭"。市亭是中鞍头集市，古镇最热闹的商业繁华地段，乱哄哄的对孩子们最有吸引力，孩子们很喜欢随大人到市亭走走。那里各种摊档、各种行当应有尽有，叫卖声、讨价还价声此起彼伏，卖甜汤的、卖浆水的、卖鱼丸的、卖青菜的、卖大鼎猪血的……看得人眼花缭乱、流连忘返，这是在街巷中看不到的热闹，置身其中，不知不觉会跟着兴奋起来。这份情愫，任岁月流逝，无法磨灭！

从古镇走出去的美术评论家李伟铭在他的一篇文章中描摹了他童年时在市集看到的一幕：有老 D 者，家贫，平日少油腻之食，只能偶尔到市集吃死猪肉。有专卖死猪肉者，着瘟或跌落厕池淹死的猪仔，尽入其彀中，他一番化腐朽为神奇的功夫，把红烧死猪肉摆上小摊，"切成一盘，瘦红肥白，上放一撮碧绿妖娆的芫荽，话说那老 D，只见他用尖尖两指拈一花薄皮嫩肉，在蒜泥醋碗中轻轻一过，碗边刮几刮，仰脖，准确丢进口中，再端起碗酒，接住嘴边油水，嗯唔滋喷之后，咕噜一声。我辈围观者，也就吞下了满嘴口水。"可谓传神至极！童年时家住市亭旁的李科烈多年后也在一篇名为《故乡集市》的散文中深情记述像天籁一般的市声："如今乍一听到这久违了的乡音，就像突然遇到阔别多年的老朋友似的，勾起了无数儿时的梦……"市声，已深深镂刻在李科烈和李伟铭的神元深处，成为心中一幅永远的故乡小镇风情画。

现在，各种嘈杂的市声逐渐在时间和变化的环境中湮没了。如今的孩子打开高楼的铝合金窗，再也看不到街头巷尾的叫卖人，只是听到电视中传来声声广告的喧闹，唉！

（文/陈坤达）

四、潮汕节俗的味觉标记：祭品

>>>

在潮汕，每一个传统节日，都有一样或几样独特的食品作为标志的，如过年的红桃粿、中秋的潮汕青糖饼、冬至的糯米甜圆、清明的松糕等，我们的祖先用祭品的方式把节日的味道保持下来，这一项非物质文化遗产，让我们能够体会到祖先对味的追寻和固守。节日的味道，有实实在在的，也有想象回味的。

在潮汕大地，代代传承着这样一句老话："过日子，勿忘时年八节"，八节就是指新正、元宵、清明、端午、中元、中秋、冬节和除夕。"岁时节日"丰富多彩的过节仪式，世代沿袭相传，蔚然成俗，或纪念祖先、或寓意寻根、或祈望幸福、或寄托信仰，都有独特深邃的民俗蕴义，形成一道独具"潮味"的民俗风景线。祭拜祖先有特殊的仪轨，也有特别的祭品，这是一个族群的心灵密码，口味习惯被赋予精神的诉求，里头有价值观、有心灵史、有对美好生活的向往。

本章主要写潮汕传统节日的民俗菜品。我们从节俗的活动中一窥潮汕人的传统伦理和人文特质。

潮汕人过年

我一直认为，一个族群的文化积淀和精神内涵，会在他的新年节俗中淋漓尽致地表露出来。

潮汕人是一个特殊的群落。这个群落的聚化生成非常复杂，是一个漫长的历史进程。自东晋以降至南宋末年，因中原战乱频繁，很多氏族被迫南迁，相当一部分在福建一带作短暂的停留后越过汾水关，进入广袤的潮汕平原，扎根"创祖"，成为今日潮汕人的主体，而原来的潮汕土著则渐趋式微。中原移民带来了各地不同的行为范式和生活习俗，这些行为范式和生活习俗，在长期的创业斗争中经受了考验和扬弃，经过了融合和同化，形成今天独特的潮汕民俗。从形式到内涵，都可说是丰富多彩，蔚为大观。成为海内外二千多万潮汕人所共同拥有的群体性文化。

正像文首所言，要考量潮汕文化，应从潮汕人一年中最主要、最隆重、也是最欢乐的节日——新春佳节来切入。

潮汕人的过年，从腊月二十三日即已开始，到

>>>

祭祖赛桌　　　　　　　　　　　　　　　陈坤达　摄影

>>>

乡间祀神赛桌 陈智生 摄影

正月十五元宵节方落下帷幕，高潮当是"除夕"和"新正"。农历十二月二十四，是"老爷上天"的日子。潮汕人所谓的"老爷"，是一位长驻在家庭、保佑合家平安的神明，据说他是天公的儿子，必须在腊月二十四到正月初四上天晋见父母，介绍一年来该户人家的基本情况，类似现在的"述职"。各家各户为了欢送老爷上天，早早做好准备，清扫庭院，设下香案，摆上供品。供品主要是大吉、甜圆、清茶，还有马料糖、马料水（供应老爷的座驾）等。有的地方还有"咬牙糖"的习俗，用麦芽糖粘在老爷（木偶像）的嘴边，让他"上天言好事，下界降吉祥"。这一点就彰显了潮汕人精明的文化心态。"老爷落天"是正月初四，同样，家家户户都摆香案供品恭迎。

老爷上天之后，人们开始忙着操办过年节货了。首先是蒸制各式粿品，如红壳桃、发粿、肚兜粿、金龟粿等。临近除夕，更是欢快而忙碌，杀鸡、杀鹅、割猪肉，在祭祀祖先的供品准备停当之后，屋里屋外要进行一次大扫除和精心布置，此外，男人要理发，女人要挽面，图个"新年变新样"。

到阴历年最后一天（月大称"三十夜"，月小称"二十九夜"），各家各户在祭拜祖宗之后，全家老少开始轮流洗"花水"，即用四式（也有十二式）花叶加入洗澡水中，意在洗去旧的污秽，干干净净迎新年。

记得在儿时，这是最令人振奋的时刻，因为洗完澡，穿上新衣，就可到大人那里领取红包（压岁钱），而明天，一切都会是新的，一切都会是美好的。

华灯初上，家家开始"围炉"。在大厅设大圆桌一张，全家老少列座有序，家人平时不论在哪里，都必须赶回来团圆合聚。桌子中央架起一个大"宾炉"，这是用锡和铜打造的一种器皿，中间盛放火红的木炭，四周热汤中放置鱼丸等食物，因"丸"与圆同音，寓意合家团圆的寓意。"宾炉"四周，摆满各种菜肴，有几种是不可或缺的："生灼鲜蚶"——钱多多，"黄豆干炒韭菜"——吉祥长久，"鱼"——年年有余，"炒蒜"——有钱算等。

这顿丰盛、热闹、喜庆的团圆的晚餐，其乐融融，一年来的烦恼一扫而光，欢声笑语中，不觉夜已深沉，小孩忍不住早已酣然入睡，而大人们则"叩"起了功夫茶，在满室氤氲的茶香中等候新年的来临。

刻交子时，四周就迫不及待地响起噼噼啪啪的鞭炮声，此起彼伏，一阵紧似一阵，孩子们在睡梦中醒来，欢呼："新年喽"、"新年喽"，揉着醉眼，跑到大厅，逐一向大人们"旦好话"："新年好"、"大赚"，长辈则给孩子说些学业期望的话。一家子亲亲热热和和气气，对未来充满美好的憧憬。

鞭炮声一直持续到天明，方才萧疏，各家各户在天井摆设香案，祷告上天和祭拜祖先，匆匆吃一点姜薯圆后，一家子抱儿携女出门给亲戚朋友拜年，有句

>>>

祭祖赛桌　　　　　　　　　　　　　　陈坤达　摄影

俗谚："有心拜年初一二，无心拜年初三四"，拜年越早越好，以示诚心。出门拜年的人，都带着潮州蜜柑，且不能奇数。蜜柑也即黄果，潮汕人称为"大吉"（大的桔子）表示吉祥如意。这个习俗是有来历的：古时，有一年将过春节，某村突然流行口渴症，一仙人托梦于村里一位美丽聪明的少女，说："吃柑保大吉"，少女马上遍告全村，村人按仙人指点吃了柑，口渴症竟奇迹般好了，自此，潮州蜜柑成了吉利的象征。

新正期间，大街小巷都热闹非凡，络络绎绎到处是探亲访友、拜年贺春的人流，更有传统游艺，如"英歌舞"、"舞虎狮"、"游联标"等节目，给春节添姿加彩，把新年的喜庆推向高潮。

到了初四日，节日的气息尚浓，接"老爷"落天之后，初七大伙过一个充满古远人文关怀的青菜节——七样羹，初九日，全家人丁沐浴斋戒，祭拜玉皇大帝，名曰"天公生"，接下来，就忙着准备过喜庆、吉祥的元宵节。

在开正到元宵节的十五天里，按俗例家家户户都会张灯结彩，烛火长明，"火树银花合，星桥铁锁开。暗尘随马去，明月逐人来"，灯是人类文明的结晶，在元宵节，潮汕人把灯的意蕴发挥到极致，元宵之夜，闻名海内外的潮州花灯粉墨登场，精彩纷呈，满城花灯满街人，外地来客叹为观止！

元宵节一过，"男女老少找工课"，潮汕人的年方才在人们美好的祈盼中蹒跚而别。

潮汕人的年是一幅浓郁的风情画，充分体现了潮汕民俗文化的特点，其中大量地保留和涵养了远古的文化信息，这是中原民族文化魂魄和精髓的流漫。

（文/陈坤达）

七样羹：潮汕的蔬菜节

农历正月初七日为人日，是潮汕人的蔬菜节。这一天，家家户户都会采（买）来七种不同的当令蔬菜混合在一起烹煮，潮汕人给这种蔬菜煲起了一个十分雅致的名字："七样羹"。大人、小孩，每人至少吃上一大碗。吃"七样羹"时，大人要教小孩子唱一首歌谣："七样羹，七样羹，大人吃了变后生（年轻），奴仔吃了变红芽（面色红润），姿娘吃了如抛（朵）花。"

"七样羹"中芥菜、厚合和萝卜是必不可少的。

芥菜，潮汕名大菜，这种蔬菜中的粗汉，是"七样羹"的首选。茎叶爽脆、可口，香味纯正，是平凡的农家菜。《礼记》载："脍，春用芥。"其食用历史悠久，可见"七样羹"体现了一种远古的情怀。

厚合，叶大如扇，茎硕汁多，一种从中原南移的粗生贱长的蔬菜。平时是作为饲料，不能入肴的，但在"七样羹"中却唱主角，这反映了先民对根和祖先的眷恋和叩念。

>>>

祭祖赛桌　　　　　　　　　　　　　陈坤达　摄影

萝卜，又称菜头，上古叫芦菔，中古改称莱菔，"冬吃萝卜夏吃姜，医生无赚饿死妻。"其块根如玉，汁水甘洌，是一种著名的药蔬，冬春食用，能清热降火，去痰化积——"七样羹"也包含着养生之道。

除此三款，再随意选配四种（这时可供选择的菜蔬很多），加上调料放入锅中生火烹调。尚未煮熟，早已异香扑鼻，及至一锅热气腾腾的"七样羹"端上来，那绿色的汤汁和茎叶，刷亮了各人的眼睛，轻啜一口，清爽、鲜美之极，胜过宴会的百种佳肴。一家老幼围坐八仙桌，别有不可言喻的温馨。"蓼茸蒿笋试春盘，人间有味是清欢"（苏东坡）。"和羹之美，在乎合异"。难怪外地朋友尝过后，大加赞誉，羡慕潮汕人真好口福。

这个节日，如果从人文意蕴的角度来探究，当是缘起于潮汕先民对春、对大自然的赞美和感恩。春天的潮汕平原，"草芽菜甲一时生"，各类蔬菜约会似的，一齐来参加春天的大联欢。用一个节日来表达对造化亘古的感念，正是潮汕人优雅情怀的生动体现。

如果从养生的角度来看，在新年伊始之际，置设这个蔬菜节也是十分合适的。新春的欢娱热闹接近尾声，几天来都是鱼肉油腻的佳肴美食，换换口味，来几碗清素的菜煲，中和肠胃，消积化食，非常必要。

潮汕族群大多源于中原，因战乱而南迁，我疑心这个食蔬的习俗可上溯至古昔，或许与内地深有渊源，一查史籍，果然。

宗懔《荆楚岁时记》载："晋时，南人以七样菜为羹。"这是我见到的最早记录。历经一千七百多年，连名字都没有变动，可见潮汕文化确实固守和涵养着许多中原地区已经湮没了的文化信息，是古文明的活化石。宋代苏东坡在《菜羹赋》中说："汲幽泉以揉濯，搏露叶与琼根。"又在《后杞菊赋》中说："春食苗……庶几乎西河南阳之寿。"据周作人先生考证，日本古代把"春七草"（其中一为芥菜一为萝卜）称为"御形"（最好的菜式），实际上与"七样羹"是一致的，仅是叫法不同。西汉东方朔说："北人春啖萝卜，谓之'咬春'"。俗例这天要吃青菜五种，谓"五辛盘"。陈元春《岁时广记》引《唐四时宝镜》说："春日，食芦菔、春饼、生菜，号春盘"。与潮汕人的这个习俗有异曲同工之妙。在潮汕，还有一个古老的传说："女娲氏开天辟地，一日作鸡，二日作狗，三日作猪，四日作羊，五日作牛，六日作马，七日作人。初七为人日，人日须食七种青菜……萝卜取'清白'，芹菜取'勤劳'，大蒜、厚合合取'诸事合算'"。

饮食文化其实涵盖了一部《二十四史》，在此我们又印证了潮汕文化与中原文化渊源之深，联系之广远。潮汕蔬菜节，把中原农耕文明对土地的深情眷恋，表达得淋漓尽致，在对根的认同的同时，又深深打上了潮汕风情的烙印。过节的仪式尽显潮汕人的审美情趣、精神内涵和道德操守。从中可以窥探到潮汕人群体的人文特质：对绿色大地异乎寻常的礼赞和崇拜，而且人与绿色大地是融为一体的。

（文/陈坤达）

元宵食甜圆

农历正月十五，是我国传统节日中最富有诗意的元宵节，也是潮汕人比较重视的一个喜庆节日。中国道教有"天宫当令是上元"的说法，据说天官正月十五生，故元宵节又称"上元"，"宵"即夜，元宵即"上元之夜"，由于这个上元之夜家家点灯庆贺，故元宵节又称"灯节"。

关于元宵节的起源，在民间有一个传说：汉武帝时，有一个宫女长年身居宫禁，苦思家人，悒悒成疾，东方朔决意要帮助她与家人团聚，遂心生一计，谎称天上的火神奉玉皇大帝的旨意要火烧京城，不利内宫，他对武帝说，火神最爱吃汤圆，正月十五日可命京城臣民家家户户做汤圆、张挂红灯，帝王后妃、文武百官都要上街杂在人群中以消灾避祸。武帝从其言，元宵之夜，长安满城灯火，观灯者摩肩接踵热闹非凡，许多宫女借此机会得以与家人小聚。从此做汤圆和挂红灯便成了元宵的风俗。

这一传说当然不是信史，由于灯笼最早诞生于南

>>>

饭仔糕　　　　　　　　　　　　　　　陈坤达　摄影

北朝，不可能在西汉出现，但从灯节的实质考察，元宵节俗背后隐藏着人民群众对美好生活的追求。实际上，灯节的出现，应是与先人对火的崇拜有关。

《诗》云："田祖有神，秉畀炎火。"《后汉书》载："先腊一日大傩，谓之驱疫"，主要内容是用火把来驱邪打鬼；这个"火把节"其实就是元宵节俗的原型。东汉明帝信奉佛教，遂命宫廷、寺院在上元之夜"燃灯表佛"，士族百姓也要持灯敬佛，此令一行，元宵节遂成民间盛大节日。这是最早的历史记载。

在隋代，元宵节的活动内容基本固定，《隋书》载："每当正月，万国来朝，留至十五日于端门外建国门内，绵亘八里，列戏为戏场，百官起棚夹路，从昏达旦，光烛天地，百戏为之盛，亘古无比，自是每年以为常焉。"唐代是封建社会的巅峰时期，气象宏大，元宵灯节从内容到形式都有了长足的发展。李郢《上元日寄湖杭二从事》诗云："恋别山灯忆水灯，山光水焰百千层。"《明皇杂录》说唐玄宗在上阳宫中，"以彩绸建灯楼二十间、高一百二十尺，饰以珠玉，微风一至，铿锵成韵，其灯为龙凤虎豹踊跃之状。"《春明退朝录》、《天宝开元遗事》、《朝野金载》等亦有记述。唐代长安灯节之盛，令人目眩神迷。

元宵灯节在宋朝几乎成为官定制度。北宋词人曾经留下难以计数的吟咏元夜盛况的佳作。周邦彦在《解语花》中写道"千门如昼，嬉笑游冶"，京都汴梁三日不禁夜，写花灯有"一天灯雾照彤云"，写游人是

"九陌游人起暗尘"，写歌舞是"千门万户笙箫里"，真是有声有色，直到月落乌啼，人们才归来，尚向灯前说"犹恨追游不称心"，盛况可见一斑。最负盛名的辛弃疾名句："东风夜放花千树，更吹落，星如雨。宝马雕车香满路。凤箫声动，玉壶光转，一夜鱼龙舞。"

元明清诸朝，元宵节俗被相继承袭，在清初，元宵节又增加了射灯谜的活动，丰富了上元佳节的文化内涵和人文意蕴。

今日潮汕人大多是中原族群南迁的衍蕃，元宵节的种种风俗习惯和过节范式被完整地承袭下来，这是与中原大地一脉相承的人文基因在历经千百年的颠沛和挑战中顽强的嬗接，已汇聚入潮汕（包括海外潮汕人社会）文化的主体。

据蔡泽民先生在其专著《潮州风情录》中考证，潮州府自唐以来，每逢喜节元宵家家户户都会祭拜先祖、吃汤圆、游花灯，现民间流传妇孺皆知的《百屏灯》就是元宵花灯上的"戏出"；优秀传统潮剧《陈三五娘》取材于民间传说，剧中的爱情纠葛，发端于元宵之夜上街观游花灯，故事背景是明代，可见游花灯至少有七八百年的历史。《韩江闻见录》也有相关的记载。

新正三节的这些节俗习惯，揭示了潮汕人深藏于精神内核中的道德操守和价值取向，既有对中原农耕文明的继承性，又深深打上地域特色的烙印，富有浓郁的生活气息。这是"年"的味道。

七月祭孤

农历七月十五为中元节，俗称"鬼节"。古称"盂兰盆会"，源自佛教《盂兰盆经》的记载：目莲尊者得知其母死后在地狱受苦，求佛度劫。佛即于七月十五日备百味饮食，供十方僧众，其母遂得解脱。自此该日为"救倒悬日"。我国自梁代始仿行相沿至今。

"百里不同风"，在中元节，不同的地方都有各自的过节形式。在我们潮汕，这一天除了照例设斋供众外，还增加了拜忏、放焰口，有的地方还有抢孤等活动，比如在达濠，很多老人们都说，七月半巡司埠抢孤的盛事非常壮观、宏大。巡司埠是达濠古镇内一处文化意味浓郁的广场，因古时在此地设置"招宁巡检司署"而得名，广场内有三山国王庙和双忠圣王庙，由于场地宽阔，古镇重大的节庆活动都在这里举行，比如庙会、赛桌、唱戏、祭祀等，而"抢孤"是一年中的重头戏，这个活动让古镇人们神经兴奋。但这些场面渐渐成为一种记忆和传说了，因为新中国成立后规模大大简化了，因而我没有直观的认识，即便如此，

>>>

乡村七月祭孤 陈智生 摄影

>>>

民间盂兰盆会祀孤　　　　　　　　　　陈智生　摄影

中元节的巡司埠仍是热闹非凡。记得小时候，每年七月十五日当天夜晚，村里事先搭好祭孤台，把准备好的三牲、粿品、水果、米糖、菜蔬等物摆上约三米高的"祭孤台"。台上挂着高灯彩旗、幢幡宝盖，还摆有几尊极大纸糊妖魔鬼怪，面目狰狞恐怖，名曰"孤王"。时辰一到，几个法师身披袈裟，手执金刚杵上台面西而坐，口中念念有词。俄顷，将杵指东画西，说是招四方鬼魂速来用膳。这个时候，台下众人大气不出，脸有惶惶之色。冗繁的仪式一完，只听得一声炮响，主事人大喝一声"抢"，蓦然黑压压的人群像炸开锅的沸水，争先恐后爬上祭孤台抢祭品，大人喊，小儿叫，一团混乱，不上半炷香工夫，孤台如洗，只在地下遗弃米饭菜蔬无数。人们喜笑颜开，扛着"战利品"回家了。据说这些祭品吃了能壮胆。

如今，再也难窥见这类场面了，或许因为太野蛮、太落后的过节形式与社会文明的进程不太合拍，故而被现代文明所扬弃了。

悠悠桃粿情

潮汕地区盛产大米，潮汕人以大米为主食，其米制品叫做"粿"。粿是众多潮汕小吃中最特殊的一大门类，是潮汕人生活中独特的粿文化，它代表着饮食文化中重要的一面。

潮汕地区素有"时节做时粿"，"时令防时病"的说法，也就是根据不同的季节祭拜不同的对象来做不同的粿品，不同的季节吃不同的粿品来预防疾病。粿品的种类有很多，有甜粿、酵粿、青叶粿、薯粉粿、豆心粿等。各种粿品也有各自防病治病的医学道理，可以说是一种食疗中的特殊粿食。

春节时期做的粿叫鼠麹粿，是用一种鼠壳草加米浆做成的粿，正月元宵做甜果、酵粿，菜头粿，俗称"三笼齐"，就是取甜、发、有彩头之意，二月清明做朴子粿，五月端午做粽子，七月盂兰盆节做白桃粿，八月中秋做月糕，十月半祭拜五谷神，做"尖担"或萝卜形状的粿，庆祝一年的丰收果实，冬至过节做冬至丸等。一年做的粿品多得数也数不完。

>>>

年节粿品　　　　　　　　　　　　　陈坤达　摄影

这些由米制品做成的粿品，都饱含着潮汕人祈求风调雨顺、国泰民安的美好愿望，也反映出潮汕人的勤劳与智慧。

时年八节，粿品是祭拜祖宗必备之用。从小到大，我对潮汕粿品就有着浓浓的情结。有关粿品的记忆把童年的时光填充得色彩斑斓。

对小孩来说，帮大人做粿也是挺好玩的事情，爱热闹的孩子们，夹杂在大人中，双手沾满米浆，满脸涂满粉末，活像一张张小丑的大花脸，看邻居婶婶阿姨们互帮互助做粿品，做粿时粿印的敲磕声，大人们的闲谈声和孩子的欢笑声，浓浓的乡音俚语在小巷里到处飘荡，幸福之感也随着音波荡漾开来。一个个桃粿在大人们的巧手侍弄下蹦了出来，看着那些印着龟背条纹的红曲桃，外形像极了一个个的红桃子，有趣极了。桃果因取桃子的造型而得名，它象征着长寿，吉祥，反映出潮汕人祈福祈寿的美好心愿。

记得小时候一次邻居的大鹅婶在祭拜祖宗时，她只顾忙着烧香磕头，口中念念有词，等到她拜完抬起头，发现盘子里原来摆放的八个红曲桃居然少了一个，吓得她脸色苍白，不知所措，以为是祖宗显灵，于是更加虔诚磕头祭拜，只见她战战兢兢，口中还念念有词："祖宗显灵，祭品请享用，保佑子孙平安，万事如意……"

后来才知道，原来是她家小儿子肚子饿了，趁她磕头时偷偷拿一个吃了。这件事被大鹅婶知道后痛骂

>>>

潮汕曲桃粿 李旭智 摄影

一顿："臭小子，祖宗还没吃，你竟然敢偷吃，看你今后还敢不敢……"边说边扒下小孩的裤裆，对着那光光的屁股一顿狠打。这件事被左邻右舍传为笑话。

对于粿品的情怀，一直持续到我长大成家，也把这段浓浓的情结延续到孩子身上，孩子也喜欢这些造型美观的红曲桃，潮汕粿品的味道，让孩子记住了家的味道。

家乡的红曲桃，不但是逢年过节祭拜祖宗的粿品，还是吉祥美好的象征，在我的印象中，它还挽救了一段濒临破裂的婚姻。

这要从我的朋友瑛姐那里说起，瑛姐是一位传统的潮汕家庭主妇，她和丈夫来自农村，夫妻俩同甘共苦，白手起家，办起塑料厂，丈夫每次去外面揽到生意，回家高兴时庆祝的方式就是瑛姐做红曲桃来拜地主老爷和财神爷。他们的生意也越做越红火，后来老公有了钱，有了外遇，每天花天酒地，就要与患难与共的妻子离婚。善良的瑛姐欲哭无泪，决定在离婚前的一个晚上给老公做最后一次红曲桃。

手脚勤快的她说干就干。炒花生、焖糯米、炸虾仁、搓粿皮，瑛姐用力狠狠地搅搓着粉红色的粿皮，似乎要把对丈夫全部的爱和恨都发泄出来，十几年的夫妻啊，十几年的感情都糅合在这粿皮里。夹馅、捏合、压模，转眼间，一个个刻有龟状纹的红曲桃，在瑛姐那双灵巧的手中变戏法似的蹦了出来。

下锅蒸煮，一会儿，一股红曲桃特有的香味就弥

>>>

年节粿品   陈坤达　摄影

漫了整个屋子。当丈夫踏进家门，闻到这久违的香味，看到一个个外形饱满、精美细致、冒着热气的红曲桃时，他不由得心头一震。抬头，是满脸憔悴的妻子；低头，是红艳油亮的红曲桃，还有，那股多年来熟悉的家的味道！麻木的感官在瞬间复苏了，一种久违的感动涌上心头，好久没有闻到这家的味道了。他想起以前的点点滴滴，妻子的柔情和关爱，孩子期盼的眼神，自己现在的所作所为，一股悔意掠过心头，他慢慢地走到桌子边，把那离婚协议书撕成碎片，把那瘦弱的身躯深深地揽入怀中……

家乡的红曲桃，象征着吉祥如意，印证着幸福美满。它是每个潮汕人黏稠的家乡情结。"背个市篮去过番"，以前那些漂洋过海，外出寻谋生计的人，篮子里装的就是这种潮汕的粿品。他们带着浓浓的乡音乡味，带着家人的殷殷期望，远走他乡寻找生计。不管走到哪里，不管时空的隔绝，家的味道，家的眷恋，让人久久难以忘怀。即使终老异地，也要叶落归根，寻求一种精神上的慰藉，回归生命中的家园。

家乡的味道，游子的情结，家庭的幸福，尽在那浓浓的粿香里……

（文/杜祝珩）

古风犹存："食桌"礼仪

　　"桌"，是潮汕语，即筵席；参加筵席，潮汕人称为"食桌"。潮汕人食桌，有一套近乎繁文缛节的礼仪。如果考其源流以及各种细节，我力弱扛不起，只能择其要者谈之。"谈"，属家常闲语，想到就谈，是为"漫谈"。以上算解题。

　　礼仪，在潮汕古代可说是无处不在，构成了潮汕人日常生活的准则。即使在今天，礼，依旧不经意地出现在人们的举手投足间。《礼记·冠文》说："凡人之所以为人者，礼仪也。"换句话说，人与动物的区别在于礼仪，如唐人孔颖所说："人能有礼，然后可异于禽兽也。"当然，礼包括的内容很广，我们缩而小之，仅谈"饮食礼仪"。《礼记·典礼》规定，在进食时，"毋流歠（音 chuo，即汤），毋咤食，毋啮骨"，即是说，喝汤时不要把汤横流，吃菜时舌头不要在口中作声，吃肉时不要把骨头啮出响声。这是说赴宴进食时的个人礼仪。"食桌"，又有一大套礼俗。

　　俗语说"十里不同风，百里不同俗"。潮汕人"食

>>>

活牲赛桌 李旭智 摄影

桌"自有其独特的礼俗。这些礼俗始于何时，我寡闻，不得而知。但在明、清二代地方志书的《风俗志》中多有"叙会以果酒为礼"之说，可知，在明代以前已经有所讲究了。

大而言之，"食桌"分为红、白桌二种。红者喜也，如寿桌、花园桌、新人桌（娶媳妇）、仔婿桌（请女婿）、丁桌（生男孩）、入内桌（新屋落成）等；白者，指办丧事。以下谈食桌的礼仪。先"丽"后"点"，即"食桌礼仪"的核心。

潮汕人食桌，首先要讲究大环境，即必须在祠堂内或大户人家的客厅里，摆上八仙桌（即四方桌），如果是生日"寿桌"，墙上即悬挂着大红"寿"字中堂；如果是结婚的"新婚桌"，则挂大红"双喜"字中堂。如果在露天下，或用圆桌、长方桌，即被视为失礼，赴宴者不承认是正经八百的食桌。办红事，要用油漆过的四方桌；办白桌才用无油漆的木桌，而且木纹要横向。因为这"八仙桌"，衍生出一大套安排主客座次的礼仪表。如果仅摆一桌，则以面向正门的一方即上方为主座，即东一位，潮汕人称"大位"。如果同时并排二桌，"大位"略有变更，即左桌的西一位为"大位"，右桌的东一位为"第二位"。如排"品"字形三桌，则合并而位置不变，三桌以最上桌的东一位为最尊。至于什么人有资格可以坐"大位"，也是很讲究的。而每一种"桌"如寿桌、仔婿桌各不相同，下面再谈。"大位"坐定之后，全席之人都听其指挥，"马

首是瞻"。什么时候举杯下箸，何时离席，一切都井井
有条。近年来，虽然许多旧习俗被改革，实际是删去
了一些繁琐的枝节。如亲友聚会或同事之间较正规的
宴会，"大位"的礼仪还是有讲究的，只不过没有从前
那么"等级森严"。尊贤敬老，尊上爱幼，是礼仪文明
的表现。

"食桌"一定要有酒，有酒必须有人斟（现在宾馆
改由服务员为大家斟酒，过去在家中设宴，纵使是大
户人家，都没有这样做）。

斟酒者坐于全席最次位，称为"酒房位"（酒房，
潮语，即酒壶）。坐此位者最辛苦。他负责一要帮厨师
接菜上桌；二要不时为人添酒。添酒时仅站起来，不
准离开座位，一手拿住酒壶把，另一手扶着壶身，表
示敬意（说明一下，正规宴席所用酒壶，要求用有把
有流的锡酒壶）。先从"大位"开始，缓缓斟酒，其次
第二位；然后换手，再斟第三位，继之第四位，依此
类推，最后才轮到自己，次序绝对不能混乱。而且，
在斟酒过程中，酒壶把永远向着自己，否则会被视为
失礼。至于同食桌者，言谈举止都必须文质彬彬，如
果用箸尖指向别人，或高呼大叫，或抢食，或蹲坐，
或吞咽动作不雅观，或盘问厨师出菜情况，都谓之失
礼，是不容许的。倘若出现，会被人讥笑为不懂礼仪，
无修养。席间，众人如恂恂儒者，和风细雨，散发着
一派祥和友好谦让的气氛。因此，有人说："做桌不易
食桌难"。原因是礼节太繁琐，繁琐得让人拘束，总怕

说错话夹错菜给人留下话柄。而在过去，能够参加"食桌"者并非易事，明知"受罪"，也视为一种"荣耀"。

其次谈菜肴。大抵谓之"桌"，至少要有十二道菜，也可十六、十八以至三十六道，都是偶数。不知何故，不上十四道菜。我请教乡间父老，多数认为四与"死"谐音而不取。但另一方面，潮汕人办喜事则以"四"谐音"世"，婚嫁聘金可用"四百网卜元"，以示"世世长"。看来所谓"风俗"，真是"风由上倡，俗由下成"，各地各人的理解不同，产生不同风俗，取其吉祥而已。

再说菜肴，不管多少道菜，必须有盘有碗，盘和碗都要双数，如八盘八碗，或十二盘四碗，绝对不能盘、碗用单数，也绝对不能碗多于盘。有的桌也可出一次暖炉（即火锅），一个暖炉相当于四碗菜式。

上菜大抵有两种方式，一为"满天星"，即在未开席前将所有的菜一齐摆上，中间不再添菜。这一种较为省事，菜式也较少，但往往让人感到不是"正规食桌"，潮汕人谑称为"桌过"（潮语，读"gue"字去声，即一半的意思）。正规的"桌"是：在菜肴未上之前，席上先摆鲜花、蜜饯、水果、冷荤各四盘，称为"十六摆碟"，整齐地摆在餐桌四周，然后再上菜。摆碟是为了筵席的气氛，多用于婚宴、寿宴。白事桌则不用。上菜次序是：先冷（冷菜）后热（热菜）；先主（主菜，如龙虾、燕、翅）后辅；先浓后淡；先肉后菜（蔬菜）。"炒时菜"（即最近出的青菜）放在最后。客人见到已上青菜，心知肚明，宴会将圆满结束。汤，不宜放在最前或最后，应在中间适当穿插。这是大致的习俗，具体各种"桌"尚另有规定，下面将谈及。

潮汕人食桌最独特的是，在宴席中间需穿插五六次功夫茶。功夫茶量虽少，但很酽，在品尝佳肴之后，喝一小杯，大可去腻除烦，使胃肠"再振雄风"。功夫茶一般在上三四道菜之后上一次最适宜。（时下一些酒楼也有此举，可惜茶水既冷，茶叶又差，喝之反而令人倒胃，不喝更好。）

以上是各种"桌"的共通处，是"大同"，逐一谈"小异"。

"寿桌"。潮汕人一般将花甲之年（即虚龄60岁）的生日，称为"大生日"，要做桌请人。事先发帖给亲友，请于某月某日到某处赴宴。亲友来时当备猪腿、长面、寿桃、大吉等礼品前往贺寿，也可用寿联、寿幛。（时下人们为省事，干脆用红利市袋装人民币代替。这样固然省事，我总觉得这礼仪有些变味。）事主除设席款待外，还要回赠糖包茶包。寿桌可以一二桌到八九桌不等，视来贺寿的亲友人数多寡，以及主人的财力而定。不论多少桌，寿翁所在者为主桌，所坐者也是"大位"；如果伴侣健在，则夫妻并排坐。桌上一定要有一大盘"炒长面"（寓意长命百岁）；上菜第

>>>

祭祖赛桌   陈坤达　摄影

一道为甜食，最后一道菜也是甜食（如金瓜芋泥、莲子百合、膏烧白果等），称为"头尾甜"，寓意从头甜到尾的吉祥意义。

"仔婿桌"。结婚之后或将近结婚之前（已定亲准备迎娶），岳丈家择日宴请女婿，称为"红桌"。俗称请"新仔婿"。原因是请女婿之后，日后倘若岳家有丧事，女婿方可奔丧（也有婚后数年未请女婿食红桌的，遇到岳家有丧事，匆忙间当先办红桌，再让女婿参加丧事）。仔婿桌，顾名，自然是女婿坐"大位"，一般岳家家人不参加此桌。因同桌间有辈分大于女婿者，所以在酒过三巡之后，女婿要离座谦让"大位"，以示知礼。自然，这是礼节性的谦让，没有人敢占"大位"的。上菜同样要"头尾甜"二道，还要全鸡和全鱼，鸡和鱼一定要加上用瓜果染成红色并雕成花状的装饰品，此即"红桌"的由来。全鸡和全鱼是不准动箸的，只看不食，"可远观而不可近玩"，陈设品而已。在鸡、鱼二道菜之后，厨师会上一道特别的菜：槟榔（潮音"乒娜"，一般以橄榄代替）。旧志所谓潮汕人"婚姻以槟榔为聘"也，取其先涩（苦）后甘之意。这时，女婿应拿出事先准备的"利市"（红包）来，谓之"赏厨"。"利市"内装钱若干，视女婿之财力及性格，但应是双数。当第十二道菜之后，新女婿夹上一筷后，即起身退席，陪宴者也随之离座待茶。揭阳一些农村，还会在女婿面前摆两碗盛得高高的干饭，在筵席结束之前，女婿仅食其中一碗的一两口，说："剩给阿舅

（即内兄弟）买田买地。"筵席在欢愉气氛中结束。

"花园桌"。潮属小孩子（不论男女，也有一些地方不为女孩子出花园）虚龄十五岁时，称"出花园"，表示已是成年人，这实际是"行成人礼"。按潮俗一般是在农历七月初七日（即乞巧节，寓意孩子成人后能心灵手巧），但也有人提前请人重生"择日"的，而日期一定是在七月初七日之前。那天，"出花园"的小孩要着新装，穿红木屐，围新肚兜（肚兜里装有桂圆和顺治铜钱，这种风俗潮州市较多），郑重其事地祭拜人生最后一次"公婆母"（"公婆母"，潮俗，为小孩的保护神，"出花园"之后因已是大人，即不再拜）。亲戚朋友来赴宴相贺，如果留下来参加食桌，则不论辈分，"大位"由出花园者坐。这种"桌"必须要有全鸡并加红，而鸡头要朝向出花园者；又，同桌者谁也不能动箸，仅供"出花园"者独享用。大概是寓意小孩成人后能出人头地。因是小孩子坐大位，礼节相对较为简单。"花园桌"一般在中午举行。

"白事桌"。即办丧事的筵席。明人薛侃（字尚谦，号中离）在《乡约》中说："送死大事，必以哀为本，以衣衾棺椁为重。世人只顾待宾客，有勉强倾家者，或停久不葬者，此皆非小失。今定为议，吊客一茶而退，远者留菜饭，不许分帛开筵"。从薛中离这段话，可知丧事而设宴，流传已久，费用也大，所以他以士绅的身份规定乡人以后来参加丧事者以"一茶而退"。据乾隆《潮州府志》载："有吊唁者，必盛筵款饮，谓之食炊饭。送葬辄至数百人。澄海尤甚，葬所鼓乐优觞，通宵聚乐，谓之闹夜，至旦复设酒肴。丧家力不给，则亲朋代设。凡遇父母丧，无不罄囊鬻产，仿效成风。"又，光绪《潮阳县志》卷十一《风俗志》载："凡吊唁者必设筵，此盖道光前风气也。今则远隔三四十里外始馈一餐，较前稍节（约）。"清代揭阳士绅吴继乔也大力提倡节俭，他说："尝观古人，一肉一鱼一菜一茶一饭之说，其为真率。至于庆宴果肴，不过五品。惟菜无数，惟酒无量，略其虚文，务从简实。盖曾数礼勤物薄情厚鄙吝之诮，不足计也。故曰省费以养财。"看来为丧事而设筵办桌之风，虽有识之士呼吁要节俭，民间仍时有请客之举。还有更为甚者，我曾听先父说，20世纪初，揭阳有一些官员或大户人家办丧事，考虑到事主亲友众多（其中应有若干是拍马溜须、乘机行贿者），于是吊唁的时间从午后即开始，一直延续到晚上。凡来吊拜者，不管亲疏厚薄、宦官庶民，不计楮仪（纸仪）多寡；不论是午后还是晚上来，都被事主留下了"食桌"。事主先请若干厨师做好准备，吊唁拜祭者如果八人凑齐即可开席。桌，用未上油漆的八仙桌；箸，用白竹筷（未上油漆）。不饮酒，菜一道一道地上。"大位"由八人之中有官职或年龄较大者坐之。这种桌称为"走马桌"。有多至数十桌者。

　　"白事桌"最热闹是在丧事办妥之后，门庭已经换贴上红对联，遍请那些有关亲友及帮助料理丧事的亲

>>>

民间厨艺 陈智生 摄影

戚朋友，以示答谢。这时，用箸，一概都换成有油漆的，桌上也一定要有某种菜肴配上红色的，还一定要有至少一道的甜品。各桌的"大位"论资排辈。宴席结束，亲友返家时，一般不向主人辞别即各自返家而去。这种桌俗称"食清气"，表示丧事结束，送掉晦气。参加这种桌时，一定要注意，要撤去的盘或碗，绝对不能重叠在一起，要一个一个地拿走，否则，就是失礼。"重叠"者，重复也。丧事重复而来，谁也不愿意。

食桌礼仪，还有很多，如"丁桌"，即庆贺生男孩的桌。各种桌都略有不同的"清规戒律"，实际是讲究文明礼貌。说到底，这些礼仪是儒家思想的具体表现，是人际交往的规范，并非无可取之处。尽管科学长足发展，社会变化日新月异，但是人与人之间的交往，当然包括赴宴在内，还应有一些礼仪规范。古代礼仪文明固然不可照本宣科，一味袭用，但也不可一概摒弃，以示"革命"，《礼记·曲礼》有言："礼以教人，知自别于禽兽"。

（根据孙淑彦有关著述整理）

五、关于潮汕菜的传说和源流

>>>

潮汕地区有许多菜肴是和某段历史事实或某个民间传说紧密相连的，传说造就了菜式的知名度和文化内涵，菜式则承载了传说的神秘性和味觉体验，比如南宋末代皇帝和"护国菜"，民族英雄邱辉与"达濠鱼丸"等。有时一个平平淡淡的菜品，由于历史人物或掌故传说的附丽，变得不同凡响、身价百倍。我们终于知道，味即是文化。

本章从历史和人文的深处去探究潮汕菜肴背后的族群价值观。

护 国 菜

　　大多数潮汕人对护国菜都是耳熟能详，护国菜的故事更是妇孺皆知。所谓的护国菜其实就是由番薯叶做成，菜味中还带着一种淡淡的苦涩感，好多南方人都喜欢，能否适应北方人的口味，就难以知晓了。

　　护国菜的故事常常让潮汕人津津乐道。

　　相传南宋末年，元军大举南侵，少帝赵昺兵败，从福州逃到了广东潮汕，和陆秀夫等人前往一座荒山古庙寄宿。庙中和尚慌忙迎接。可是这古庙由于战乱，平时香客甚少，不但没有斋菜款待，连一般青菜也找不到。方丈见皇帝还是个孩子，可怜兮兮的，就动了恻隐之心，于是叫小和尚悄悄摘些野菜来，用开水焯过，除去苦涩味，再剁碎，以免让人看出是野菜。因为野菜是喂猪的。少帝此时饥不择食，见这汤肴碧绿清香，软滑味美，吃得津津有味。食毕，问方丈这汤肴是叫什么名称。方丈答道："阿弥陀佛，贫僧不知此汤菜叫何名，但愿能解皇上之困，重振军威，以保大宋江山安然无恙。"小皇帝一听此言，万分感动，于是金口一开，封为"护国菜"。

护国菜救了圣驾，实在是功不可没，这是其他蔬菜所望尘莫及的。潮汕诗翁张华云有《竹枝词·护国菜》曰："君王蒙难下潮州，猪嘴夺粮饷冕旒，薯叶沐恩封护国，愁烟惨绿自风流。"经过七百多年的衍变，这种原来只适合猪吃的菜蔬，经过历代厨师的精心改良，泡制加工，已经衍变为饭桌上的名菜，久而久之便成为潮汕的一道名菜。

改革开放后，潮汕的传统名菜得到恢复和发扬，作为潮汕特色的护国菜在东南亚等国也广受欢迎，如在新加坡、马来西亚、泰国举办潮汕美食节时，护国菜是潮汕人、华人及外国人必点之佳肴。

潮汕菜的出名体现在"精致"两字上。为了使菜看达到最佳效果，便在烹制过程中使原料达到"有味使其出，无味使其入"的境地。所谓"有味使其出"就是在让蔬菜所藏的苦涩味和杂质经泡制后使之不复存在。"无味使其入"是在烹制过程中，加入了饱含肉味的上汤或老鸡、排骨、瘦肉、猪脚等动物性原料，渗入到蔬菜中，让这荤素质料的清醇和香浓糅合成一种复合味道，幻化成舌尖上的美味。

护国菜的"精致"也体现在烹制方面。首先在泡制番薯叶时，厨师要把薯叶茎丝抽掉，经放有纯碱的开水焯过，然后用冷水漂过几次，这样可使薯叶更呈现碧绿，并且没有苦涩味。接下来就是用上汤让其入味，上汤的主材料是用老母鸡、排骨、猪脚、火腿、罗汉果等加清水，经过十几个钟头，用慢火熬出来的，汤色清醇，味道鲜香，受到四方宾客的青睐。于是护国菜做工上的"精致"体现得淋漓尽致。当然成了高档酒楼的一道名菜。

现在新改良的做法是把番薯叶做成"羹"。这种做法更需要细工夫。番薯叶泡制后，用食品搅拌器进行搅拌，搅烂成泥，再加入上汤、鸡油熬制而成。其风味特色为色泽碧绿晶莹，口感润滑，味道鲜香，见菜不见肉，但却饱含肉味。有些酒楼还推出由护国菜做成的"太极八卦羹"，听说目前它的身价很高，是招待稀客嘉宾的上等佳肴。某五星级饭店的餐厅经理说，到我们这里来的客人不仅是"上帝"，我们还要请他品尝护国菜当当"皇帝"。

寻常老百姓也喜欢这种菜肴。但没办法做得像酒楼那样考究和精致。大多数人还是习惯了粗菜淡饭，对护国菜的做法跟普通菜一样清炒，但它的特点就是吃油多，每次的放油量要比普通菜多三分之一。平常我也喜欢吃护国菜，时不时会变换餐桌上的菜式，清炒护国菜也是其中一道家常菜。在市场琳琅满目的菜式中，番薯叶属于热销菜，几乎每个菜摊都有，买番薯叶要买新鲜的，没有浸过水的更好。我就吃过没有浸过水的番薯叶，也是我上次和去朋友老家鲜摘的番薯叶。

在韩江边一片广袤的田野上，面对凉爽江风，脚踏松软泥土，三五好友说说笑笑，每人手提一只塑料篮，挽起裤腿，与大地亲密接触，阳光暖暖，白云悠悠，大伙边玩耍边采摘番薯叶，享受轻松愉悦的周末下午。朋友玉教我们如何辨认好的叶片，于是大家都采摘那些靠近叶芯的叶子，颜色比较淡的嫩叶。当女伴们摘完时，每个人的指甲沾满白色的茎液，黏黏糊糊的，友谊也如菜叶的液汁般黏黏稠稠。

乐颠颠回到家，把番薯叶洗净沥干，加上蒜头、豆浆下锅爆炒，顿时满屋飘香，颜色碧绿如玉，香滑清爽。果然这次采摘的叶片比在市场买来的要嫩滑许多，清香中还带着甘甜，碧绿清香的护国菜，配上白嫩嫩的米饭，香滑爽口，鲜嫩恬淡，让家人吃得津津有味，一大锅白米饭也因这盘护国菜被一扫而光。

儿子也爱吃这道菜，他时不时会提醒我："妈妈炒的番薯叶真好吃，下次记得多买噢。"因了家人一句赞赏，主妇的心情，便如春池般绿波荡漾，笑意融融。

生活的滋味，也如这护国菜一样，碧绿清香，香滑爽口！

（文/杜祝珩）

卤 鹅 飘 香

鹅、鹅、鹅，

曲项向天歌。

白毛浮绿水，

红掌拨清波。

骆宾王七岁时创作的《咏鹅》，是一首脍炙人口的咏物诗。这首诗没有什么深刻的思想内涵和哲理，而是以清新欢快的语言，抓住鹅的突出特征进行描写，写得自然、真切、传神，成为千古流传的好诗句。

朗读咏鹅诗，给人们一种精神上的愉悦。对于注重饮食文化的潮汕人来说，诗歌中的鹅却成了盘中美食，特别是卤鹅在潮汕菜中有着举足轻重的地位。大凡婚宴、寿宴办桌请客的，不管桌上有多少山珍海味，都必须配备一盘鹅肉作为主菜。

鹅是潮汕地区特有的家禽之一。在以前潮汕农村，家家户户都有养鹅的习惯，三四月开始养雏鹅，到了年底就可卤制用来祭拜祖先了。诗歌中描写的鹅也是在水中的情景。这说明鹅的习性是喜水的，因此养鹅的地方多是临水而养。潮汕以前很多地区有池塘溪流，近水的人家便在池塘边围上一圈篱笆养鹅，这鹅想游水时便任它游。那些远离水域的人家就麻烦了，早晚要赶着鹅到池塘里或者溪里游水，赶鹅者挥舞着长长的竹竿，就像将军指挥着千军万马，那些"士兵们"在他的指挥下一个个昂首挺胸，高唱凯歌阔步前进。鹅的聒噪声此起彼伏，它似乎也成了潮汕农村声音的代表。鹅肉好吃的原因可能也跟鹅经常游泳有关系。由于经常游水运动，让它的肉质更为坚实，有弹性，尤其是鹅掌、鹅翅，更是筋道弹韧，吃起来有嚼头，回味悠长。

卤鹅不单是用来招待客人，也是馈赠亲朋好友的礼物，收到礼物的朋友，就能品尝到潮汕人节日的味道。小时候在老家，如果家中有客人来，父亲总会到巷口的鹅肉摊档切一盘鹅肉来请客，邻居们看到就知道家里来客人了。于是总会听到这样一句话"斫鹅肉请人客"，原来这话是潮汕人热情好客的口头俗语。

逢年过节，譬如七月的中元节，八月的中秋节，还有过年的元宵节等，一年中恰逢这些大节日，家家户户都要杀鸡杀鹅来祭拜祖先。潮汕人都有"拜老爷，奉三生"敬奉神明的习俗，"三生"即是鸡、鹅、鸭，有些家庭比较富裕的还要敬"五生"，即是在"三生"的基础上加猪头和鱼。

以前农村不少地方还有人专门替人杀鹅的。逢年过节或者"老爷生"前的两天，一清早，巷口便有人吆喝"刣鹅啊，刣鹅来了！"一边吆喝一边摆上大风炉，支上大锅烧开水，村里人听到吆喝声就把鹅抓出来让刣鹅人处理了。

　　"刣鹅"就是帮人家杀鹅，一只能蹦会跳的鹅，到了这些人手里，不花一会儿工夫，就处理得光光亮亮，可以下锅蒸煮了。这些刣鹅人专门算好了各个村子"老爷生"的日子，轮到哪里"老爷生"便往哪个村子去，碰到生意好的时候，一天可以刣几十只大肥鹅呢。大多数人还是喜欢自家杀鹅的，让我念念不忘的是小时候在农村看大人杀鹅的场景。

　　杀鹅的场面真够热闹。养好的鸡鹅，就等到这一天来享用。每家都把准备杀鹅用的水端到巷口，红红的炉火，滚烫的清水，团团的热气，鹅的叫喊声，人们的吆喝声，小孩的欢笑声，汇集成一首节日的欢歌。大人们杀鹅，就是一场精彩的绝技表演：只见大人们把鹅的两翅交叉好，一手摁住鹅的咽喉，一手持刀，小孩抓住鹅脚，只听到"咔嚓"一声，一股猩红的液体就源源不断从鹅脖子流出，汇进早已摆好的盆子里，这叫"割喉放血"，接着就是烫锅、过水、脱毛，稍不留意，精彩的表演很快就结束，想再看已经没有机会了。帮大人们拔鹅毛，对小孩来说是一件苦差事，密密麻麻的绒毛何时才能拔光，但想到明天就有香喷喷的鹅肉吃，一双双小手也就变得格外勤快了。

>>>

祭祖赛桌 　　　　　　　　　　　　陈坤达　摄影

卤鹅的技术活就是大人的事了。通常是大人在操作，小孩帮烧火。家里的这种活通常是父亲操办，我和哥姐就帮忙烧火打下手。他先把鹅彻底洗白晾干后放进灶台上的大锅，然后放入调料，通常有酱油、南姜、大蒜头、八角、桂皮、小茴香、香叶等配料，用薄纱布包着，防止这些配料散落在汤水里。卤鹅要先用猛火，我们就根据父亲的吩咐不停地往火坑里添柴，等卤水烧开后，要改为文火，我们马上把几根柴火抽出，火力就转为文火了，父亲一直在灶台忙碌，隔二十分钟，就要把鹅提起来，沥干卤汤，翻一翻再回锅，"吊汤"的程序要反复几次，然后才盖锅烧上两个多钟头；当卤鹅熟了，满屋子的奇香扑鼻，闻着让人垂涎欲滴，小孩巴不得快点能吃到鹅肉，但卤好的鹅是先用来祭拜祖先，孩子们只好忍受祭拜的漫长时光。

祭拜用的供品不单是卤鹅，还有很多别的祭品，有潮汕的红曲桃、炸春饼、煎豆干……密密麻麻的供品，大人们叩头祭拜，十分虔诚，口中念念有词，祈求祖宗保佑儿孙平安，烟雾缭绕，卤味飘香，祭拜的壮观场景，用文字是难以描述的，只有身临其境才能感受到。

祭拜完毕，方才剖开鹅斫肉食用，斫的时候讲究薄切整齐，拼盘盛装，小孩还可以分到一只鹅脚或者鹅翅膀解馋。深褐色鹅皮泛着金黄的油光，撒上青翠的芫荽，秀色可餐，和盘托出上桌，一家人在欢声笑语中享受浓浓的潮汕卤鹅香。

好的鹅肉皮连着肉，中间隔着一层薄薄的鹅膌，也就是鹅的脂肪，表皮柔软香滑，肉质坚韧结实，中间膘肥油润，咬下去口感丰盈，层次分明，嚼在嘴里调和，不干不腻，越嚼越香，实乃下酒之佳肴。

此外，吃卤鹅还需一样独特的蘸酱，叫"蒜泥醋"，顾名思义就是蒜泥加上白醋，有的还会放几颗白糖，因为狮头鹅多肥膘，蘸这个酸辛味便不觉油腻，潮汕人对美食的精细和讲究也体现在这碟小小的"蒜泥醋"上。

卤鹅后剩下卤汤称为"鹅卤"，鹅卤也多有用处，黑乎乎的酱水可以当蘸酱，亦可炒菜当做佐料，有时甚至直接淋在白粥里吃也好。更巧妙的吃法是配上"红粿桃"，红粿桃是潮汕的特色糕粿，糯米做的皮，包上赤豆馅儿，由于馅干味寡，单吃没有什么特别的味道，只要在粿皮上咬个小口，淋点鹅卤，顿时变得油润咸香，两者合一堪称绝配。潮汕的红粿桃和鹅卤，是祭拜的必备品，"鹅卤"和红粿桃搀合着，因而才有了这独特的吃法。

现在潮汕逢年过节也有祭拜的习惯，但现在的卤鹅，不管是在农村还是城市，大多数直接从鹅肉铺整只购买。原来那种自家养鹅杀鹅的场面已不复存在，更不用说摆摊刽鹅的盛况了；少了这鹅的聒噪声，少了杀鹅的场面，节日的气氛减少许多。

不管怎样，卤鹅的味道，还是潮汕特有的浓郁味道！

（文/杜祝珩）

薄 壳 传 奇

　　薄壳是一种贝壳类海产品。因其肉体丰厚而壳薄，故称薄壳。外壳为楔形，两壳对称，成熟时长约 3 厘米。雌的肉为红色，每年八九月产卵繁殖；雄的肉为白色。常多粒相连而成串，过着群聚生活。薄壳苗散布于浅海滩涂的泥沙中，每年农历三四月就得从浅海滩涂中把苗洗捞上来，然后移放于深水场养殖。养殖薄壳为潮汕首创，水深约三四米至六七米，潮涨潮落，薄壳在滩涂中不露出水面。薄壳场水深不能筑堤篱，只能插上长竹竿作为场界。当年的八月至十月，是薄壳的盛产期。此时的薄壳，粒大而肥美。潮汕沿海外湾或岛屿滩涂盛产薄壳，主产区为饶平的洪洲、黄冈大澳、所城大港、南澳的后江、汕头濠江的广澳等。

　　采薄壳时，每条船两翼各系一个竹制扁圆形的大薄壳蕊，每个配备两个人，一人冒着寒冷晨风裸体潜入海底手持网袋捞薄壳，两人把网袋内的薄壳提上来，倒入蕊里。然后，手脚配合把泥沙剔净。潜海采薄壳者是很辛苦的，须有特技，全身匍匐在深水中的滩涂

（薄壳场）上，一边用足尖倒退行，一边手握薄壳刀刈薄壳入网袋。潜水一个深呼吸至多数分钟，在这数分钟内要刈百几十斤薄壳，真是不容易。潜在水里，全身还要被薄壳嘴或钉螺刺破皮肉。

薄壳体小肉也小，但肉味鲜美，营养丰富。薄壳主要供应城乡人们日常佐膳炒食（加少许金不换，即植物"三七"同炒），或以鲜薄壳作配料煮粿条汤、面条汤吃；还有部分专供打"薄壳米"或配盐腌制成咸薄壳。

薄壳米又叫海瓜子，鲜薄壳加工后即成。味道鲜美，是澄海盐灶的土特产。据说，薄壳米加工技术是由饶平县洪洲镇传入，现已成为盐灶的一项主要副业。

加工薄壳米时要有两至三人，一是能掌握火候的司炉工，一至两人是握竹笼的锅上的操作工。从鲜薄壳下锅到脱壳、收肉都要有一定技术。

加工薄壳米在每年农历六月至九月，旺季时全乡加工灶达 100 多个，每个从福建漳浦、云霄和广东饶平的东界、洪洲等地或用船运，或用车运买入近十万斤鲜薄壳进行加工。当夜即运往汕头、潮州、揭阳、澄海等地销售，近年还有远销深圳、香港等地。

用新鲜薄壳加盐腌制便成为咸薄壳。咸薄壳是一种别有风味的海产杂咸。咸薄壳的腌制方法是：将新鲜薄壳（带"镇"，即保持原来生长的根络）洗净后用粗盐掺匀，装进陶瓷器皿，放在阴凉干燥处。几天后，咸味即渗透其肉。食用时，捞出洗净，加金不换、鱼露，稍加浸泡便可食用。新鲜薄壳摘镇、洗净后，放进鱼露加金不换、蒜头末，浸泡至第二天，也可食用。咸薄壳淡咸适度，鲜嫩可口，生津开胃，是佐餐尤其是吃早粥的好小菜。潮汕咸薄壳不仅在本地受欢迎，还远销港澳及东南亚等地。

咸薄壳雅称为"凤眼鲑"。凤眼鲑之得名，相传有这样的故事：明朝正德皇帝游江南，有一天，他来到潮州滨海的一个小渔村，饿得头晕目眩，走进一户老寡妇家。老妇人见来人可怜，就舀了锅底吃剩的一碗大麦粥，又在瓮里捡了一盘咸薄壳，给他充饥。俗话说："滴水落肚人精神"。正德皇帝咀嚼麦粥，掰开一粒粒咸薄壳，"啧啧"尝味，拍着大腿叫道："好菜式！好菜式！"皇帝指着碗里的大麦粥，问老妇人："这颗颗如珍珠的，是什么东西啊？"老妇人眼皮一皱，嬉戏说："叫'珍珠粥'。"皇帝指着盘上的咸薄壳，问老妇人："这只只形如凤眼、甜如鲑鱼的，是什么东西啊？"老妇人又笑着说："叫'凤眼鲑'。"

正德皇帝回到京城宫廷，生了一场小病。他嘴涩喉干，吃山珍海味无味，嗅龙肝凤髓嫌腥。他忽然想起在潮州老妇人家吃的东西，垂涎了，就下令头手御厨，钦定做"珍珠粥"、"凤眼鲑"二味。御厨三日三夜掀破菜谱，就是不见此"钦定二味"。还算他机灵，急忙求问跟随皇帝下江南的一个武士，只得知"珍珠粥"是用大麦煮的，却不知"凤眼鲑"是何名菜。

头手御厨冒死献上一碗大麦粥，正德皇帝咕噜噜吃完，龙颜大悦，说："不错，就是这个珍珠粥。"突然又问头手御厨："凤眼鲑呢？"头手御厨慌了，额头汗珠嗒嗒滴。须知囫囵吞大麦粒，最易积食，无咸薄壳相配助消化，正德皇帝拉肚了。他一怒，下令把头手御厨斩首示众。

正德皇帝即派一个钦差大臣，日夜赶路来到潮州，召那老妇人上京办菜。老妇人带了一罐咸薄壳，跟着钦差大臣赶到京城面君。她献上一盘咸薄壳，皇帝一粒粒掰开，津津有味地吃着，连声赞道："潮州凤眼鲑，确是上等菜式！"过了一会，他又问老妇人："好是好，不过这味道，怎比不上那天在你家吃的？"老妇人哈哈大笑道："万岁爷啊，俺潮州有两句俗话，道是：'肚困番薯胶胶，肚饱龟肉柴柴'。"

有关咸薄壳，潮汕地区还流传着尚书爷和咸薄壳的故事。潮州是山明水秀之地，气候温和，土地肥沃，特产丰富，人杰地灵。可惜远离朝廷有近万里之遥，往京城赴考往返没有一年也须半载，来回船缠路费更是一笔不小的负担。三年一科的考期怎禁得这般折腾？不少务实的潮州人也就冷了这份心。但到了明朝嘉靖以后，蓄势待发的潮州青年学子，不鸣则已，一鸣惊人。不单考出了个状元林大钦，进士也考出了一大串，雁塔题名的就有二三十位。据说，因为潮州籍的进士举人和已经考中而为官者云集京城，形成了"御街说白话"的风气。就是说，你到了天子脚下，不会说官话没关系，说家乡的白话照样行得通！

在京城的潮州籍的进士、举人和官员多了，自然少不了为这班人服务的生意人。潮州的生意人头脑也同样灵活，他们办些潮州的土特产，使家乡子弟少些思乡之苦，也赚点钱。因此，明朝嘉靖以后，潮州商人在京城还形成了一个无形的团体，叫潮州帮。各省的商人也不敢小觑他们。

饶平县宣化都东界的大埕乡，有一个老实巴交的青年人，名叫黄阿蟹，在家乡时既务农，闲时也下海捕捞鱼虾，生活倒也可以凑合，却不料天有不测风云，这一年家乡遭了风潮之灾，田园庐舍被海潮冲毁，出海的小渔船也不知被撞毁了还是漂到哪里去了。有一天他忽发奇想：我何不跟乡亲们上京跑生意？他们行，难道我黄阿蟹就不行，我还有个宗亲黄锦在京城做大官，听说官拜礼部尚书哩。上京城做生意的主意定了，可是一摸口袋，却是身无分文。黄阿蟹是老实的滨海人，老实人就有不服输的牛脾气，决定了的事不轻言放弃。他到薄壳行赊了一担咸薄壳，言明卖后再还钱。薄壳行老板听说他是要挑往京城去卖，笑得直搐肚子："阿蟹呵，勿看人家发财就目红，你看有谁挑薄壳去京城卖？"黄阿蟹说："怎么？咸薄壳不是潮州土特产？别人去京城卖土特产都发了财，我的土特产就无人买？不愿赊给我就直说，我好去找别间铺赊。"

薄壳老板生气了："一担薄壳所值几何？好，你欲担做你担，免用秤，你能担多重就担多重，卖得出卖不出我不要你的钱，一担薄壳就当做白送你！"

"此话当真?"

"一言既出驷马难追。不过有话在先,你去了京城,能得去,无变回勿怪我。"

"这你放心好了。岂知京城有阮尚书爷?"

薄壳行老板听了这话又是笑饱,心想:"尚书爷日理万机,他是吃饱撑了还是怎的,有工夫管你这个卖咸薄壳的穷乡亲?"但是他知道黄阿蟹是已经打定主意的了,就不愿再与他多费口舌。

且说黄阿蟹听了老板这句话,二话不说,转身往家中跑,回来时肩上已放着一担大竹筐。薄壳行货仓里,咸薄壳一堆一堆堆得像一座座小山峰,他蹲在薄壳堆下,先品尝,尝至自己满意了,认为这堆薄壳肉黄,壳薄,个大,咸淡适中,形状也好看——一粒粒掰开来,都像一对对神前求卜用的可爱小信杯。这样的潮州咸薄壳连我这个天天三餐离不了的海滨人吃了都叫好,不信京都人没这个口福!老板站在一旁,只是冷笑,让他挑选个够。好个黄阿蟹,挑了满满两筐咸薄壳,往肩头一挑,上路了,挑担咸薄壳上北京。

黄阿蟹肩挑咸薄壳,在京城窜胡同,沿街叫卖。他的叫卖声倒是引起行人和住户的注意,好奇地驻足观看,就是没人儿来买——见都没见过的东西,谁敢买敢吃?来北京已经好几天了,咸薄壳就是原封不动,一路上卖咸薄壳积剩下来的几个钱也花光了,现在已身无分文,连吃饭也无着落了。黄阿蟹发起愁来,原本是想等到生意做顺了,买件新衣衫,再手提礼物,才体体面面去见宗亲尚书爷，现在就这样灰着脸去求见他？罢罢，谅尚书爷也不会介意。黄阿蟹鼓起勇气，来到尚书府，先对门官作揖行礼，说道："阮是从潮州府饶平县东界大埕乡来的，是尚书爷的宗亲，有要事求见尚书爷，敢烦通报一声。"

那门官老爷把黄阿蟹上下打量一番，心想：看他这副模样，就跟叫花子差不多，听他的口音，却是地道的潮州人。老爷早有吩咐，只要是家乡来人，一概不许阻拦。便说，请你稍等。径自入内通报。这一日礼部尚书黄锦大人不用上朝议事，正闲坐书房观书，门官来报道家乡有人在外求见，黄大人便说，开中门迎他进来。

门官不敢怠慢，赶紧照办，打开中门，恭恭敬敬把黄阿蟹请了进来。尚书黄锦大人也放下手中的书，来到客厅。黄阿蟹见了尚书大人，便扑通一声跪下，黄锦慌忙离座将他扶起，说："乡里乡亲的，何用行此大礼，快快起来，坐着说话，拉拉家常，老夫正要向你打听咱家乡近况呢。"

黄阿蟹一听这话，心头暖了许多，心想尚书爷果真如乡亲们所说的那样平和可亲，一点也没有架子。未见面时心中还有好些局促不安，现在完全消失，坐了下来。黄锦尚书先是问了许多家乡情况，黄阿蟹一一回答，接着就介绍自己，说打自小时候起，就听爷爷讲尚书爷少时如何聪明好学。小的虽不识字，但却会背许多尚书爷小时做过的对子，真是好些趣味……

黄锦拈拈须，他喜欢黄阿蟹这样朴实无华的农民乡亲，微笑着听他念自己童稚时代习作，仿佛又年轻了许多，仿佛回到了阔别了的故乡。等黄阿蟹把联对念完了，黄锦才开口："阿蟹宗亲，这次到京城何事？"黄阿蟹把事情经过一五一十告诉了黄锦。然后说："现在弄得身无分文，无法回乡。今日来见尚书爷，是想求尚书爷资助我些盘缠好回乡里。"

听了阿蟹诉说，黄锦心中甚是同情他的遭遇。刚要开口叫账房先生出来，让他取几两银子资助乡亲做盘缠，话未出口，又有了好主意。其实，他不单同情，还有几分不平。心想，咸薄壳就是好东西嘛，佐早膳最开胃，虽说京城里的人少吃白米稀饭，咸薄壳销量可能少些，但也不至于满京城叫卖无人理睬嘛。其实是他们不识货。于是改口说："好呀，阿蟹宗亲，我说你颇有眼光。薄壳是俺家乡有名的特产，家家户户离不了，我少时在家乡，没有咸薄壳还咽不下饭呢。来到北京就是稀罕物。经商之道，在于互通有无，在于以奇取胜，你这次运咸薄壳进京贩卖，贺喜你，一定大发其财。我建议你，这种稀罕物不可论斤卖，要论粒算钱。明白么？好，送客！"

隔日，礼部尚书黄锦大人就病了，无法上朝议事。而且一病就是好几天。黄锦是德高望重的朝廷重臣，他生病不上朝可不是小事，前来探望者络绎不绝。有一班趋炎附势的达官贵人，心想现在正是巴结尚书大人的时候，就七弯八曲四处打听，都问黄大人为何玉体欠安，需荐什么医，要用什么药，是八两重的高山野人参，还是生长千年的大灵芝？尽管说，保证设法弄到。打听的结果说黄大人其实"没事"。

"黄大人没病，可就是胃口老不开，看见鱼呀肉呀之类的东西就想吐。"众人纷纷议论说，"他只'想食'一种叫做咸薄壳的小食，就是没有办法得到，故弄得精神萎靡不振。"那些人以为为黄大人效力的机会来到了，就满北京城打听，何处有这种东西卖，真是功夫不负有心人，终于打听到了黄阿蟹的住处。正发愁如何筹措到回家乡路费的黄阿蟹，突然时来运转，原本无人问津的咸薄壳转眼间就成了抢手货，前来光顾的都是衣着光鲜的有身份有地位的人家，他们所买无多，或半斤，或二三两，而后丢下银子就走。黄阿蟹起初还按原来预定的价钱卖，忽记起尚书爷的吩咐：不可以斤论价，要以粒算钱，我何不试一试。隔日，他真的奇货可居了。但是，那些来光顾的好像不在乎这些，照样丢下了钱就走。黄阿蟹的一小半筐咸薄壳发了一笔不大不小的财，心头那个高兴呀得意呀就别说了。可是又觉得纳闷，这些人原先连看都不屑看咸薄壳一眼，怎么转眼间就变得那么金贵？这里头有什么奥妙？想了一夜，把大腿一拍，大声对自己说：我明白了！他换了一身光鲜衣衫来见尚书爷。

尚书大人的病已经好了，刚刚罢朝归来。黄阿蟹一进来就磕头下跪："尚书爷，难为你一片苦心，小的错怪了你！"

黄锦正在用膳，饭桌上摆的正是黄阿蟹卖出去的咸薄壳，老人家正有滋有味地吃着呢。他放下碗筷，将黄阿蟹扶起，微笑着说："不是我的功劳，咸薄壳本身就是一种味道绝佳的腌品嘛，你让京都人增长了见识，不用过多久，他们就真的会把这种食物当珍品，还有我，也应该谢谢你，你让我解了思乡之馋啊！"

黄大人果然有见地，过了不久，北京人开始喜欢吃咸薄壳了。文人们还给它取了个文绉绉的名字：凤眼鲑。黄阿蟹呢，自然是欢欢喜喜回到家乡大埕把在京城卖咸薄壳的经过告诉了乡亲们。

（文/陈汉初）

六、功夫茶的味觉境界

>>>

在潮汕，品茶是物质的，也是精神的。潮汕的先民把饮茶的习惯发展成一门独特艺术——功夫茶道，其冲泡、品尝、鉴别、体验的过程都充分体现了潮汕人的精神品质。

本章主要介绍名闻天下的"潮汕功夫茶"以及茶配（各种糕点、小食）。

功夫茶香

饮茶，从一开始就归入艺术的范畴。

从历史来看，艺术，源于精神的需要。人们获得
了最基本的生存条件之后——哪怕是最原始、最简朴、
最低限度的——为了生活得更有情趣一点、更有滋味
一点而激发出来的创造力。比如绘画艺术，一开始仅
仅是为了美化居所和器用；书法艺术，是为了让记载
语言的符号有更美的形态；音乐，仅仅是为了让生存
环境充盈着悦耳的声响。总之，无论从起源看，还是
从发展轨迹看，各种艺术都凸显了提高生活质量这个
根本目的。艺术是以人为本的，和我们的生活息息相
关、须臾不离。

由是而观，茶，虽然位列"开门七件事"之一，
但并非决定生存的必需品，而是为了提升生活情趣的
一种格致之物。

中国人从来就把饮茶提高到艺术的品位上来考量。
在古人眼里，饮茶体现了一种精神追求，其程式是脱
俗的、超然的、神圣的，传统文化中的"天人合一"、

>>>

百香茶园

"师法自然""五行协调"及儒家的"情景合一"都涵纳其中。陆羽在《茶经》中写道:"华之薄者曰沫……其沫者,若绿钱浮于水湄,又如菊英堕于樽俎之中……重华累沫,皤皤然若积雪耳。"在陆羽的眼里,茶汤中包含孕育了大自然洁静、美好的品性,人们在饮茶中明心见性与大自然融为一体了。

宋代大文学家苏东坡更把整个汲水、烹茶的过程推到生活艺术的极致,他的《汲江煎茶》诗云:"活水还需活火烹,自临钓石取深清;大瓢贮月归春瓮,小杓分江入夜瓶。雪乳已翻煎处脚,松风呼作泻时声;枯肠未易禁三碗,坐听荒城长短更。"你看,诗人到钓石下取水,是承接大自然的恩惠,大瓢请来水中月,把月光贮进瓮中,小杓是分流江水入银瓶;茶汤滚开时,如风入松林,与江涛一同回响了。天上人间、明月江流、山间松涛、茶中雪乳在这汲、煎、饮中融为一气了,茶道中情与景谐、心与境合的精神,被描绘得淋漓尽致。

在中国人的生活艺术中,品茗之道是文化,也是哲学,至大至深,包含着儒、道、佛诸家的精华,包含着无数的玄机和中国人的宇宙观。茶与中国的人文精神一结合,其功用便已远远超出其自然价值。

考察各地的茶文化,我们可以自豪地说,潮汕的功夫茶是中国茶道的杰出代表,是融精神、礼仪、沏泡技艺、巡茶艺术、评品赏玩为一体的完整茶道形式。

我从懂事时起,就被潮汕功夫茶那浓浓、俨俨的文化氛围所熏陶、所感染。每家每户、小作坊、小卖摊甚至田间路陌，到处都可见品赏功夫茶的场景，考究的冲泡程式、优雅的礼让仪轨、圆融的伦序观念——"中规中矩"、"谨遵古制"，无不充盈着中国人特有的古典文化精神。

我在飘逸着功夫茶香的潮汕大地上土生土长，身溺其中，神元深处也就打上潮汕功夫茶鲜明的烙印，我已习惯了这样的生活方式——离不开功夫茶。有时出差，我会不厌其烦地带上专门的茶具——总觉得其他地方的冲泡方法缺少了一种神韵，喝起来不舒畅。几十年来，在与功夫茶的行伍相伴中，渐渐地有了些心得出来，我认为单就品茶而言，只有潮汕的功夫茶能淋漓尽致地营造饮茶艺术的气韵和精神，高冲低酌、炭火闪烁、水汽氤氲，都体现雨露均分的大同精神和巡迴圆满的东方哲理，齿颊留韵、舌底留香之际，啜罢清风生腋下，劳累和烦苦早就飘到九霄云外，精神境界已投到极远之处了。

潮汕功夫茶既重程式和技巧，亦重水质器具。炉宜红泥烧制，炭应坚木煅焙，杯要白胚细瓷，一丝不苟，无不返璞归真。然而，这些也还比不上一把好壶在饮茶者心中的重要性。每一个善饮者，都有一把心爱的茶壶奉为至宝、养护备至。何谓"养"，那纯粹是年长月久茶气的滋润和渗透，久而久之，壶本身便会遍体含香，冲泡出来的茶汤就气味悠长。

《清稗类钞》记载了一个有趣的故事，说明这"养壶"的重要性。潮州某富商好茶尤甚，一日，丐至，倚门而立，不讨饭，独讨茶："听说君家茶最精，能赐一杯否？"富商奇道："你一乞丐，也懂茶？"丐道："我本富家人，只因终日溺于茶趣，以致穷而行乞。"富商如遇知己，呼入落座，茶成，这丐者品了一杯说："茶是好茶，可惜韵味不够醇，乃新壶耳。"说完从怀中掏出一个旧壶，色虽暗淡，但打开盖子香气清冽，冲泡出来的茶果然不同。富商爱之不已，愿以三千金求购。那丐不肯，说："今日合是有缘，但此壶只能共享。"二人遂成至交。

潮汕功夫茶的内涵是极为丰富的，它既有明伦序、尽礼仪的深刻儒家精神，又有优美的茶器及冲泡方式，不愧为高明的茶艺；有精神与物质、形式与内容的统一，有小中见大、巧中寓拙、虚实盈亏的哲理，有潮汕人对生命的圆满充实的追求，单这"功夫"，便包含了多少内容。

我等俗人当然领悟不到如许的境界，但我们可以借助茶把平淡庸常的生活点缀得超脱和高贵。

我的一个朋友，他喝茶有数年，有次慨然叹道："好的、差的茶都曾经品过了，但差别也就在开头几冲（遍），越到后来，差别越来越小了，终而殊途同归。"人生又何尝不是如此呢？他喝茶的心得潜移默化地影响了他的人生态度，原先好计较的个性渐渐变得冲淡平和。可见，茶道作为一种生活艺术，确能升华人的精神品格。

有一次，陪同几位领导参观一个茶艺园，老板奉上最名贵的云南普洱茶，冲出来的汤色呈琥珀色，及至入口，初觉平淡，继而齿颊生香，喉底甘润，无比舒畅，真个"一饮涤昏寐，情来朗爽满天地；再饮清我神，忽而飞雨洒轻尘；三饮便得道，何须苦心破烦恼"（唐代皎然诗）。那老板说："这茶叶已窖藏七十余年了，加上树龄三十年，当是一百年以上的陈茶了。"一百年是什么概念？那就是说，在我祖父的童年时期，冥冥中已有一株茶树在阳光雨露中成长，再经无数个寒暑，无数道工序，中间又有着多少偶然，才让我今日得以一亲芳泽，这不是缘分是什么？端起茶杯，就是涵纳一片云水情怀，就是穿越一个世纪的历史时空。百年的山川灵韵，日月精华，化做杯中一滴琼露，进入我们平庸的人生，超度我们世俗的灵魂，让我们能更和谐地呼应大地和宇宙的生命潮汐。时间是无形的，但在此刻却被物化了，百载岁月沧桑就在我的舌尖轻轻滑过，我们品的不仅是茶，更是历史的云烟、是大自然的玄妙之道。

这是一种无法言说的体验。由此我才隐隐懂得：所谓境界，乃是实有的随岁月渐渐褪去，留下了一抹想象的虚空，让我们去意会。

为名利所围，总觉疲惫不堪，终于顿悟：人生是需要想象、需要虚空、需要意会的，这是引领我们到达精神彼岸的津渡，茶，恰恰给我们营造一个意念回旋的自由空间。在陶然中，我们会感受到高洁的情韵，会获得精神的飞扬。

我的父亲一生与茶结下不解之缘，他命途多舛，但苦涩的人生始终飘溢着茶的芳香。他是一个挣扎于底层的小人物，但不论处于多么艰难困苦的境地，始终有一把黑黝黝的宜兴"苏罐"陪伴着他。只有在品茶时，他才显露出悠然自得来，这是他人生中最放松、最快意的时刻，与平时的眉关紧蹙大相径庭。我断定，他的内心有一片属于自己的天地、自由的乐土！在水汽和茶香的升腾中，他能获得精神上的慰藉和寄托。

"人生如茶"，这是父亲经常说的话——尽管这不是父亲的首创——我理解了：至少我们可以活得潇洒一点、平和一点、高远一点。这是生活和生存的艺术。

是啊，人生无常，生活已多无奈，何不让茶香氤氲在我们周围？风过陋室，雨打芭蕉，我且不管。能得一泡好茶，约三五知己，守着红泥炉，"请得关公来巡城，又有韩信点奇兵"，在轻啜慢品间体会人生本真的滋味，此乐何极！

（文/陈坤达）

山的味道：凤凰单枞茶

潮汕是中国乌龙茶三大产区之一。潮汕乌龙茶拥有14个茶树优良品种，组成水仙、色种、乌龙、观音四种花色品类。潮州单枞茶是潮汕茶叶的佼佼者。单枞茶属乌龙茶类，生产区是潮安县凤凰山区和饶平县坪溪岭头等。潮汕常年气候温和，背山面海，热量丰富，光照充足，雨量充沛，霜期极短。地势从西北往东南呈阶梯形倾斜，境内山脉连绵，丘陵起伏，宜茶领域辽阔，土层深厚，湿润凉爽，有利于茶树生育成长。

潮汕盛产乌龙茶，与福建、台湾并称为中国乌龙茶三大产区之一。主要产地是潮安、饶平、揭西、潮阳和位于普宁境内的石牌华侨农场等。潮安县主要名茶有生长于高海拔的凤凰山峰的凤凰单丛和大质山麓石古坪村的一线红乌龙及铁铺镇铺埔村的白叶水仙。饶平县主要名优茶有岭头白叶单丛、岭头奇兰、西岩色种、丰良白叶水仙、黄旦、田丰毛蟹、柏峻乌龙、茂芝铁观音和深坑水仙。揭西县主要优质茶有北山乌龙、金山奇兰、西田水仙。潮阳主要优质茶有华瑶本山、千山奇兰、深溪岩茶和半天佛、天苔山、大溪坝等地的梅占。石牌场茶园主要优质茶有黄旦、福水。此外，普宁的五峰山和揭东的坪上、五房炒茶亦属地方名茶。

潮汕乌龙茶制作工艺精细，成茶品质优良，风味独特，具有花香、醇和、回甘、润喉四个特点，干茶外形紧结，色泽乌油，汤色清澈明亮，叶底红边绿腹。乌龙茶可清热止渴，提神醒脑，帮助消化，轻身明目，化痰祛咳。据专家介绍，茶叶不含钠盐、脂肪和任何热量物质，却含有450多种有机化合物和15种以上的无机矿物质，大都有保健防病的功效。其中的茶多酚能降低血液中的胆固醇和三酸甘油酯的含量，增强微血管的韧性，从而防止高血压、心脑血管等老年常见病。美国的科研机构还发现，绿茶中含有茶多酚和硒，可以防癌抗癌。茶叶中富含的硒元素，对人体抗衰老有十分重要的作用。因此，百姓饮茶之风日盛，以功夫茶形式，遍布城乡千家万户，成为日常不可缺少的生活必需品。潮汕茶历来畅销东南亚和港澳地区，远销日本、欧美，是潮汕一项重要的出口商品。

凤凰单枞、岭头白叶单枞分别产于潮安县凤凰镇山区和饶平坪溪岭头等。凤凰有"中国乌龙茶（名茶）之乡"的称号。该镇位于潮安县东北部，因全境地形酷似传说中的吉祥鸟——凤凰而得名。进入凤凰地界之后，便是满目青山。整个镇的辖区内约有大小山峰数百座，内有海拔千米以上的山峰八座，其中最高的鸟髻峰竟达1497.8米，峰顶为翠凤冠。山区气温适中、空气清新、雨量充沛，日照短且多雾，具备种植茶树的优越条件。据统计，这里至今仍有 3700 多株树龄在 200 年以上的古茶树，其中有一株是宋末培育的"宋茶"，树龄 700 多年，是广东省内外罕见的茶叶瑰宝。这株"茶中寿仙"现在依然铁骨铮铮、老当益壮，树高 5.8 米，树冠面直径约 7.3 米，春茶产量达 35 斤，制成干茶共 8、9 斤。这株"宋种茶王"是文氏百香茶园的镇山之宝。

凤凰茶有一个美丽的传说，据称宋帝赵昺南逃至乌崇山，口渴思茶，凤凰得知后，口衔茶树枝送去，宋帝止渴后传种，后人栽这种茶树，命名为"宋种"。相传自宋代始，凤凰茶被历代朝廷列为"贡品"。凤凰单枞茶，是乌龙茶的良种资源——凤凰水仙群体品种的优异单株系列，都是单枞分开进行精心培育的。采制流程十分细致严格。采茶时，日光过强不采、晨雾不采、下雨不采。一般是下午两三点钟开始采茶，至四五点钟结束。茶叶采回后，要在当晚即进行加工，经过晒青、凉青、碰青、杀青、揉捻、干燥五个工序，从夕阳残照一直制作到天明才制成毛茶。成茶条索硕壮，色泽油润，茶汤清澈黄艳、茶味甘醇爽口，具有独特的山韵蜜味和自然花香，如黄枝香、芝兰香、蜜兰香、杏仁香、肉桂香等 10 多种香型。素有形美、色翠、香郁、味甘"四绝"之称。

（文/陈坤达）

暮色中的老饼铺

夕暮时分，汕头达濠的大街小巷人来人往，熙熙攘攘，我们匆匆穿过热闹的苏州街，拐进西市场巷，来到了"茂发饼家"。狭窄的街巷，陈旧的店铺，在暮色中渐渐变得暗淡。饼家门口砖柱上残留着未全撕去的广告招纸，铺面零零星星有几块瓷片剥落了，似乎正在解说这家饼铺已走过一段相当长的沧桑岁月。如今，这位老人竟显得有些龙钟了。

的确，"茂发饼家"开了二十多年。今天，门口仍然摆放着旧式的饼箱，柜台上还排列着一排装满各式饼食的阔口的玻璃瓶，伙计边做生意边用一盏煤油灯为纸盒包装的饼食封上一层"玻璃纸"，铺里卖的都是当地传统的朥饼、米润、云片糕……这些，没有别些地方西饼屋的时髦、面包店的新潮，却令人平添一份亲切和缠绵，挂念起已经远去的日子，仿佛站在饼家门前，会等待到许多往事骤然而返。

"茂发饼家"的李老板是个五六十岁的人，十分好客。看见我们来访，他边叫家人赶忙冲茶，边招呼我

>>>

猪耳饼   陈坤达　摄影

们一定要尝尝他们自家做的饼食，讲起潮汕饼食，更是兴致不尽。他告诉我们：唐宋年间，潮州已出现饼食作坊，清初有名点"米花喜糖"、"五云方糕"，清代中叶，有月饼、五仁饼和各式糕点，都是名声响遍海内外的。其间，达濠埠的饼点更是独树一帜，领一时之风骚。饼点的制作受钱塘古风的影响，名点迭出，流韵至今。他扳着指头说，仅仅名牌饼食糕点就有潮式朥饼、达埠米润、砂浦酥糖等。

他还讲，潮式朥饼分为绿豆沙、乌豆沙、朥饼、水晶、双烹朥饼，选用精面粉、绿豆、乌豆、猪朥、砂糖等，绿豆经压片、漂洗、去皮、蒸熟后加入糖朥、瓜册、肉丁，搅拌成馅；饼皮部分用面粉和猪朥制成皮酥、压成薄片，包上饼馅烘焙。这些饼吃起来甜而不腻，入嘴爽滑，凉喉可口，谁吃过一个朥饼，他今生今世也会回味。而达埠米润的主要用料是糯米。要选用十月冬的本地优质糯米，用猪朥胪成松脆的颗粒，调配高油高糖拍打成酣，再加入米花、葱芝等香料，用滚筒压成约二厘厚的片状，然后切割包装。米润脂浓味香，软韧肥润，胶质细嫩，嚼不粘牙，至于口感，当然极佳。讲到砂浦酥糖的制作，就更是繁复。一向为家传独得之秘方，传男不传女，主要选用优质花生米、麦芽糖、雪粉、黄油、湘浙芝麻等，经精工制成，色泽金黄，形味俱佳，未入口时已闻奇香扑鼻，及至入口，又酥又脆，味道好特别，细细咀嚼，甜而不腻，香而悠长。潮汕人喜欢以这些酥糖作为饮功夫茶时的首选茶点。

潮汕人在婚庆、祭祀、谢神等时候，都要用这些传统饼点寄意，表示他们对祥和、美好和团圆的祈望。豆沙饼更是在当地被当作独有的赏月佳品。平时，潮汕人品茶会友，甚至早餐宵夜，也离不开这些饼点。讲到兴起时，李老板不无得意地说："你们到别的地方，是不轻易吃到这些地道的潮汕饼食的。"在他口中说出浓郁的乡情韵致，充满人文关怀的古俗，使人醺然。

聊谈间，一个扎着发髻、穿着新做的大襟衫，拿着一把木柄雨伞的阿婆，风尘仆仆赶来买了一打朥饼，还特意叫伙计用纸包好再贴上"茂发"的红招纸。然后小心翼翼将饼放进藤手抽，又匆匆走了。也许她要赶去饮一个亲戚孙仔出世的满月酒，或是老姐妹久别不见后的相聚，两筒朥饼算是手信吧？也许她买些朥饼不为别的，只为回到家里，泡一壶好茶，再细细尝食这些当年出嫁，母亲用来作"嫁女饼"派送亲朋好友的朥饼，想想年轻时当"新抱"（新媳妇）的喜悦与苦涩。回味从前，本来就是老人家的一份乐趣，尽管许多往事被尘封了，变得遥远和断断续续了……正是因为这样，我们不忍留住她匆匆的脚步，请她为我们的采访拍一张照片。

望着她远去的身影，我们觉得那些面上盖着大红印、样子古老的朥饼，真的很有味道。

临别时，我们要为李老板和"茂发饼家"拍几张照片，他推说自己人老了不上镜，而叫他的女儿来拍照。我们明白李老板的心事，他是冀望老饼铺后继有人，后生一辈能承接这份家业。小女儿听说要照相，赶忙到后面房间换上一件年轻人时尚的新装，梳梳马尾辫，才来到镜头前。我们突然发现，古老与时兴，在这家老饼铺里竟然是如此和谐，如此自然，不觉有一点点牵强或冲突。也许，薪尽火传本来就是世事的当然，那又如何会能令人惆怅呢。

走出西市场，站在巷口回望老饼铺，它在更浓更重的暮色中样貌依然，望着老老少少、贫贫富富的过客，不惊不喜，无争无厌，静静守候着这一条老巷，守候着一份潮汕人的喜好与钟情……

（文/陈坤达）

附

>>>

保护和擦亮潮汕美食老字号品牌

对文化遗产的挖掘、保护和弘扬已成为世界性的文化行动，我国虽然在步伐上算较迟缓的，但各地都已行动起来了，社会上的有识之士通过不同渠道不遗余力地推动这项工作，成果非常丰硕。美食老字号是地方文化遗产的一部分，应该传承和发扬。下面我谈三点看法：

（一）老字号是城市的文化符号

美食老字号既是商业文化的积淀，也是一个城市历史的缩影，对老字号的保护本身就是一种文化的传承，也是对历史的尊重。历史像一条奔流不息的河流，但不会是无根之水，根就是河流的源头和流经的每一个河段，它衍生出文化的脉络，并决定着这条河流的走向。要寻找文化的脉络，不在其他什么地方，就在我们的世俗日常生活中。

美食老字号是我们走进历史和认识历史的路标，因为老字号把我们先人的生活方式、审判情趣和价值诉求坚韧地保留下来，从中让我们找到了文化的脉络。上面说了这几多，看似不着边际，事实上正是揭示了弘扬老字号的文化学意义，也是我们今天举办这样一个论坛的意义所在。这个活动本身将成为一个信号，产生影响，会引发社会上更多的人来重视和参与。

（二）寻找保护文化遗产的有效方式

从对老字号的保护和发扬联想到对文化遗产的抢救。在全球化一体化的汹涌浪潮中，在商业文化强势冲击下，农耕文明行将瓦解与消亡，丰富多彩的民间文化眼看着就要随风而逝！我们怎么做？我们有责任把这些口头的、非物质的、活态的文化记录下来、传承下去，抢救和保护民间文化遗产不仅仅出于一种学术的、专业的、学者的理念，它应是一种社会的文化行动，一种要求全民参与的呼喊。

对文化遗产的抢救，通过命名的形式（如今天的老字号评比授牌）就是一条有效的途径，我们要立足于"加强保护，活态传承，凸显特色"的原则，加强对地方文化的保护，打造地方文化品牌，实现优秀文化的传承、转型和创新，同时要做好宣传、指导、管理等后续工作，来推动地方文化健康有序地发展。

（三）弘扬老字号品牌的路径

弘扬老字号必须确立品牌战略。品牌最重要的是核心价值。这个核心价值就是"深刻的可识别性"，只有具备这个特质，才能在消费者心中保持一个良好的长期的形象，这是品牌成功的最终标志。树立品牌和实现品牌增值的过程需要一个完整的并长期贯彻执行的品牌战略。要完成"驰名品牌"的创建，需要三步走：

1. 品牌价值的创造：突出个性和明确市场诉求的模式。全方位贴近消费者，使消费者在消费时激发认可和赞誉度，以勾起美好的传统记忆和产生独特的审美偏好，这一点，老字号已经完成。

2. 品牌价值的保有：丰富产品的内涵和实行领域扩张的模式。许多品牌创立之后又丧失掉，就是在"保有"上出了问题。这也是现阶段老字号所面临的主要问题。消费者对品牌的满意度、销售量是否获得增长？进一步深入人心需要什么样的措施和改进？扩展的方向是什么？经销商要在充分关注这些问题的基础上进行"深度包装"，获得更加辉煌的品牌形象。

3. 品牌价值的增值：提升层次和进行品牌延伸的模式。这是下一步品牌战略的重心，事实上可以看做是"著名品牌"的创立，主要内容是形成市场品牌格局的优势地位，将区域品牌变成全国品牌以至国际品牌；从单产品向多元产品转化，从狭窄领域向宽泛领域扩展，最后完成"品牌—文化"概念的转变，把美食老字号衍变成潮汕传统饮食文化的载体。

后记

>>>

入味——潮汕菜传承的密码

来自人生源头的味觉熏陶以及深刻的感情印记，使我对味有更多的感觉和思考，故在武汉大学出版社张福臣社长邀约我写一本《舌尖上的潮汕》时竟毫不推辞。等到真正提起笔时，才惶惑起来，怎么写？写什么？盖因前头已有诸多美食专家出了不少关于潮汕菜的大作，大致是回顾潮汕菜系的起源和发展，介绍著名潮汕菜的特点和烹饪方式，探讨潮汕菜的创新和融合等，洋洋洒洒。"眼前有景道不得，崔颢题诗在上头"，我不是厨艺好手、烹饪名家，按前人的路子去写，是自曝其短。但是我发现，潮汕菜系的丰富和兼容，潮汕人口味习惯的形成和坚守无不折射着这个特殊群落的民系渊源和价值观，自然经手、文化过喉，从味觉中可以找寻到族群的历史、现实和人情世故。从广义上来说，文化即是生活方式，味觉是族群最深层的文化蕴藉，如能予以深入解剖，就能寻找到这个族群的生命密码。

所以，我对本书的基本定调是从文化视角来切入，从普罗大众的口味记忆、节俗的味觉标记、历史食味的嬗变、生存环境决定了食材的选用以及华族心灵的饮食仪轨等几个方面来重新认识潮汕人——这个特殊群体两千年来发动的味觉革命，进而来描摹潮汕人的文化基因图。所以这不是一本介绍食谱的读物，而是试图从文化的角度，来解读族群和味觉的关系。这是一项浩大的文化工程，学识浅陋的我显然是力不从心的，但我期望以此作为引玉之砖，作为一个小小的探索，恭候专家和有识之士的教导。

感谢张福臣社长的信任和郭小东院长的热情推荐，感谢汕头诸位摄影家的支持，感谢陈汉初老师和杜祝珩文友的加盟，还要感谢诸多师友的帮助和我妻子蔡子芬的理解，让本书得以完成。

陈坤达

二〇一三年七月八日于有竹居